博碩文化

計算機 組成原理

基礎知識揭密

第二版

北極星 — 著

- 初學者輕鬆學習計算機組成原理
- 詳盡的圖文解說能讓你快速上手
- 精選的主題循序漸進更簡單操作

Principles of Computer Organization

作　　　者：北極星
責 任 編 輯：賴彥穎

董 事 長：陳來勝
總 編 輯：陳錦輝

出　　　版：博碩文化股份有限公司
地　　　址：221 新北市汐止區新台五路一段112號10樓A棟
　　　　　　電話(02) 2696-2869 傳真(02) 2696-2867

發　　　行：博碩文化股份有限公司
郵 撥 帳 號：17484299　戶名：博碩文化股份有限公司
博 碩 網 站：http://www.drmaster.com.tw
讀者服務信箱：dr26962869@gmail.com
訂購服務專線：(02) 2696-2869 分機 238、519
（週一至週五 09:30 ～ 12:00；13:30 ～ 17:00）

版　　　次：2022 年 6 月二版一刷

建 議 零 售 價：新台幣 520 元
I S B N：978-626-333-147-1
法 律 顧 問：鳴權法律事務所 陳曉鳴律師

本書如有破損或裝訂錯誤，請寄回本公司更換

國家圖書館出版品預行編目資料

計算機組成原理：基礎知識揭密 / 北極星著 . -- 二版 .
-- 新北市：博碩文化股份有限公司 , 2022.06
　　面；　公分 . -- (博碩書號；MP22232)

ISBN 978-626-333-147-1 (平裝)

1.CST: 電腦

312　　　　　　　　　　　　　　　　　111008261

Printed in Taiwan

商標聲明

本書中所引用之商標、產品名稱分屬各公司所有，本書引用
純屬介紹之用，並無任何侵害之意。

有限擔保責任聲明

雖然作者與出版社已全力編輯與製作本書，唯不擔保本書及
其所附媒體無任何瑕疵；亦不為使用本書而引起之衍生利益
損失或意外損毀之損失擔保責任。即使本公司先前已被告知
前述損毀之發生。本公司依本書所負之責任，僅限於台端對
本書所付之實際價款。

著作權聲明

歡迎團體訂購，另有優惠，請洽服務專線
博碩粉絲團 (02) 2696-2869 分機 238、519

前言

　　心中期待已久的計算機系統概論終於完稿了。

　　電腦，又被稱為計算機或者是電子計算機，其廣大的應用程度幾乎已到了每個人不知不覺的境界，怎麼說？我記得我第一次碰到的電腦是 386，那時候我對於電腦是什麼完全沒有概念，直到我念國中，家中出現了台電腦，後來念了高中，手機開始普遍，到了大學以及後來的研究所，手機幾乎呈現爆發性的成長，這些現象都說明了一件事情，那就是對現代人而言，人手不離手機，而手機，其實就是一台小型的電腦，而如果想要了解電腦，第一步就是得了解計算機系統。

　　目前市面上有關於計算機系統概論的書已經寥寥無幾，且跟程式語言比起來，計算機系統概論並不是一個好寫的題目，應該說傳統的計算機系統概論教科書，其內容大多下了專業術語，除非是資訊本科系所的學生，不然要閱讀計算機系統概論的書籍那可說是困難重重，不但如此，從計算機系統概論所衍伸出來的分支學門，諸如作業系統、計算機組織與結構以及網路通訊原理等相關書籍，其內容簡直就跟天書一樣地深奧難懂。

　　其實不是想學的人不學，而是內容實在是太過於抽象難懂，再加上用詞艱澀，導致很多想學的人，就算想學也學不起來了，我記得有個有趣的現象是，有個充滿熱情的學生想要學習資訊技術，但當這位學生到圖書館或書局一翻書之時，過不到兩秒種，那種熱情就瞬間下降了 50%，五秒鐘之後就只剩 30%，等翻完了一頁之後當初的熱情不但全部下降為 0，而且對於資訊技術的學習也都全盤放棄，老實說，對於此種現象，個人認為作者得付一半責任。

　　我認為，教育就好像醫療，而教材就好比藥物，如果醫生開的藥物病人無法服用，那就算這帖藥是何等的仙丹妙藥，也一樣無法治癒病人；同樣情況，教師所做的教材若學生無法吸收，那就算這教材再怎麼好，學生也無法學習，學生無法學習，學生就無法投入產業，學生無法投入產業，產業就會缺人，產業一旦缺人，那想圖發展的可能性就會變小，圖發展的可能性變小，那國家就難以建設，而最後在惡性循環之下，倒楣的還是我們人民，所以培育人才一直是我們團隊的核心目標，而這目標是絕對不會改變，因此本書在設計上打破了傳統教科書那樣的設計，盡量用淺顯易懂的語言文字來描述內容，目的就是希

望各位能夠盡量學會計算機系統的基本概念，進而投入產業發展，為國家建設。

　　最後，本書雖然由本團隊中的全體人員來寫作與審校，但還是難免有錯誤的地方，在此，若各位發現書中要是有錯誤的地方，還懇請各位不吝指正：

polaris20160401@gmail.com

https://www.facebook.com/groups/TaiwanHacker

　　並且我們還會隨時把本書的資源、勘誤表以及補充等也給放在社團上，屆時各位可以上社團下載後補充本書的內容。

以上

北極星代表人

目錄

Chapter 00 電腦概說

Chapter 01 作業系統概說

Chapter 02 計算機組織與結構概說

Chapter 03 作業系統的基本架構

Chapter 04 行程與執行緒概說

➲ Chapter 05　記憶體與虛擬記憶體概說

➲ Chapter 06　網路通訊概論

本書設計

　　本書是我寫給已經閱讀過學習地圖當中的基礎入門與基礎進階的讀者們學習用，內容主要是講解現代計算機科學的重點精華。

　　一般來說，現代計算機的組成縱使複雜，但追本溯源，終究還是有個根本脈絡可循，而這根本脈絡分別是：

1. 作業系統
2. 計算機組織與結構
3. 網路通訊原理

　　以目前的時代來說，不管你用的是哪種計算機，也不管你用的是由哪家廠牌所製造出來的計算機，其運行的基本原理一定都逃不過上面那三門技術領域，也因此，本書分別對這三門技術領域做了一個概論性的介紹，好讓大家能夠快速地掌握到計算機的重點精華。

　　但話雖如此，學習完本書的各位不代表你真的已經全盤地掌握了計算機的一切，我必須得告訴大家，這還早得很，因為計算機的道路實在是太深太廣又太遠，沒辦法只用一本書就能夠講完一切，所以學習完本書的各位，如果你想再繼續往前走的話，可以閱讀上面那三門技術領域的專書特論，本書能給各位的，就只是一個起點而已。

　　最後祝各位閱讀愉快

以上

北極星代表人

如何來閱讀本書

有一天，有一個天真無邪的小朋友走著走著，便看到前方有一座森林，小朋友帶著好奇心看到了森林裡頭的第一棵樹、第二棵樹、第三棵樹，直到第四棵樹之時小朋友就停下來，並好奇地觀察著這棵樹，他希望能夠好好地來研究研究這棵樹。

一天過去了，小朋友得到了許多問題，兩天過去了，也是一樣，時間一天一點一滴地過去，他所累積出來的問題也越來越多，直到最後他放棄了對於這棵樹的研究，於是便垂頭喪氣地往回走出了這座森林。

之後，這位小朋友不死心，心想我還是要弄懂我觀察到的這第四棵樹所帶來的問題，不然我死也不放棄，於是乎他又再度嘗試，結果仍舊是失敗的，就在他垂頭喪氣之時，他突然間看到第四棵樹的前方有一朵花，於是他放下了第四棵樹之後便去觀察那朵花以及那朵花所綻放出來的香氣，不久，他往前看，突然間發現森林不小，裡頭似乎還藏有更多的寶藏正等著他去發掘，於是他放下了這朵花，走著走著不知不覺中就穿越了森林，終於，他飽覽了這一路上的許多奇景，最後，他對森林以及森林中的景象有了個輪廓，而對於當初第四棵樹的問題，他心中終於也有了答案。

小朋友就相當於本書的讀者，而本書就相當於森林，樹和花等就相當於本書的每一個主題，我知道本書的每個主題都有其難度，但各位遇到了之後，如果真的解不開，不如當下就做個筆記，暫且放下您心中的疑惑之後再往前走，也許等你讀完整本書之後再回過頭來看看當初所解不開的難點，也許這時你心中便有了答案也說不定。

當然，閱讀本書還有個更重要的心理準備就是，不要把本書給當成考試用書，目的僅只是為了拿來應付考試，而考完試之後就把內容通通還給我們，這樣就太可惜了，我認為把這本書給當成是跟你日常生活中與你息息相關的知識，並且帶著好奇心來去探索，用這種心境來閱讀本書，我相信你會終生受用無窮。

以上
北極星代表人

學習地圖

北極星所製作的教材，其學習地圖暫定如下：

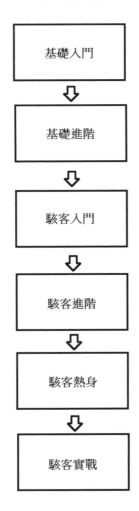

本書屬於駭客入門。

Chapter 00

電腦概說

0-1 什麼是電腦

有一天，阿秋與室友兩個人正在房間內吹冷氣，這時候…..

阿秋：上次在小倉買的片片現在都還沒拆開來看，不如趁今天下午有空時…

室友：沒問題，反正我現在也還沒對它們驗明正身，這件事情早就想幹了

於是兩人便把片片給拆開，拆開後就把 DVD 光碟片給放進光碟機裡頭去，接著打開電腦後，按下播放軟體，於是兩人便度過了一個充滿歡樂聲的下午。

上面的故事是你我日常生活中非常常見的場景，其熟悉的程度幾乎已經讓每個現代人到了理所當然的無感程度，但現在問題來了，你知道你每天都在用的電腦到底是個什麼樣的東西嗎？換句話說，你每天都在使用電腦（手機也是一種小型電腦），但你知道下面有關於電腦的幾個基本問題嗎？

1. 為什麼我們可以透過電腦（手機）來跟朋友們 Line 來 Line 去

2. 為什麼我們可以在電腦（手機）上來玩遊戲

3. 為什麼我們可以使用電腦（手機）來工作，例如收發信件又或者是處理公文

4. 我們每天都在使用電腦（手機），那電腦（手機）的基本構造到底是什麼？

最後一個同時也是最重要的一個問題，那就是：

5. 隱藏在電腦（手機）背後的運作原理到底是什麼

以上的這些情景都發生在你我的日常生活中，一開始初次接觸電腦（手機）時我們會感覺很陌生，但隨著我們對於電腦（手機）的使用，漸漸地，這些陌生感會隨著時間一點一滴地逐漸消失，消失到我們會覺得這一切全都是理所當然，但話雖如此，各位想過沒有？到底這些讓我們在日常生活中可以方便使用的工具，它們究竟是什麼東西？其構造為何？運作原理又是什麼？我相信這些問題對於大部分的人而言應該都沒有想過，因為我們只是直接拿來使用，根本就不會去想這個問題，就算問了也只會說，那是工程師或者是科學家的事情，我們

根本就不用去管這些問題，但別忘了，所謂的學習，就是對生活中周遭事物的點滴發現，並且透過深入研究之後所得到的寶貴知識。

本書的誕生就是這樣，一開始我們不講什麼高深的大道理，而是以一種探索的好奇心來探索電腦，而過程中讀者們只要帶著合理或不合理的思考來閱讀本書就好，相信我，不要太緊張。

好了！講了這麼多，我現在還沒給電腦下一個基本定義，那就是回答什麼是電腦的這個基本問題，而關於這個基本問題的答案，我覺得現在先不用講，讓我們暫且先賣個關子，但從上面的情境當中我們其實已經能夠對於電腦的基本定義來稍稍地窺知一二，那就是：

把片片給放進光碟機裡頭去，然後按下播放軟體，接著螢幕和喇叭就會發出令人緊張又刺激的叫聲的機器就是電腦

咳咳！以上的解釋雖然不是電腦完整的基本定義，但能夠寫出這樣子的內容出來，就表示你心中多少已經對電腦有了基本概念。

0-2　電腦概說

話說阿秋和室友兩人在度過了一個愉快的下午之後，發現到他們的電腦跑起來卡卡的似乎是有點問題。

阿秋：沒辦法了，這台電腦已經十年，差不多也該替它買副棺材打包送終了

室友：不如這樣，我們現在用箱子來打包這台舊電腦，然後送去電腦商場給店家回收，之後順便在商場組台新電腦你看怎麼樣？

於是兩人商量後便把電腦打了包並出發到電腦商場，到了商場時他們倆看見十點鐘方向有個身穿貓裝的正妹正在跟他們倆招手，於是這倆人心想，既然有正妹招手，那還不趕緊立刻去瞧瞧，搞不好還能夠要到對方的 Line 也說不定。

正妹：兩位帥哥來來來！本小店自組電腦最便宜，一台特價只要新臺幣 13400 元而已，而且加 500 的話還送 Windows 10 作業系統喔！

阿秋：Windows 10 作業系統長怎樣？可以打開來讓我們瞧瞧嗎？

正妹：這有什麼問題，請看

☊ 圖 0-2-1

正妹：有沒有感覺清新優雅？質感特別不同？

阿秋：確實是比之前的 Windows XP 還要好看

室友：那記憶體大小呢？

正妹：本小店現在特價優惠 8G 只要 2399 元就好

阿秋：付現的話能不能免費幫我們升級，我至少要 32G 的喔

正妹：32G 的無法免費，但加點小錢的話我就可以幫你升級

室友：那螢幕呢？

正妹：24 吋的算你 3399

阿秋：能不能算我們便宜一點啦！最近荷包君急診中

正妹：不然你加個 800 再送你一個電競用耳機，要是加 1500 再多送超酷炫鍵鼠組

．
．
．
．

就這樣，阿秋、室友以及正妹等三人就在這你一言我一語，你一來我一往的殺價與討價還價之下度過了這一天的下午，最後倆人也組成了心目中理想的電腦。

上面的情景是曾經發生在臺灣的真實事情，那時候我還在當學生，但現在的 2022 年是不是還有這種客戶出招、老闆接招的商場文化我就不知道了，但至少我們知道的是，上面情景中的阿秋、室友以及正妹等三人都在做同一件事情，那就是對電腦的基本配備來討價還價，像是：

1. 作業系統
2. 記憶體
3. 鍵盤
4. 滑鼠
5. 耳機

．
．
．
．

而本書會針對上面的某些配備來探討，因為它們構成了電腦最基本的基礎要件，這也是為什麼三人會喊價的原因，因為硬體設備會決定電腦的整體功能。

好了，關於本書的熱身就暫時先到此為止，從現在開始，我們要直接進入主題，也就是作業系統、計算機組織與結構還有大家都非常感興趣的網路通訊概論，這三個主題，完整地貫穿了整個電腦的基本構造，只有了解這三個，才能夠掌握電腦運作的基本原理。

廢話不多說，接下來就讓我們直接進入作業系統吧！因為它是大家每天都會接觸到的東西，且頻繁的次數簡直就快要跟你吸空氣的次數完全沒兩樣，走吧！

Note

Chapter 01

作業系統概說

1-1　什麼是作業系統

在很久很久以前，人類的文明尚未開化，人跟人之間的相處毫無準則，且對於土地的使用，也沒有一定的規範，後來這些人發現這樣不行，因此，這些人就倡議，不如從我們當中的幾個人一起來組織一個具有管理性質的單位，由這單位來負責管理我們的生活，而這單位的名字，就叫做政府。

政府成立了之後，政府便可以對人、土地以及地球上的資源等來做有效的管理與運用，當然啦！由於那時候的人還是處於一種童蒙狀態，所以這時候很多事情都會由祭司來指導人類工作，漸漸地，人類的文明就從尚未開化的原始人，逐步地走向原始部落型態。

讓我們把上面故事中的角色對應到電腦專有名詞：

故事角色	電腦名詞
政府	作業系統
土地	記憶體
人	執行緒
祭司	CPU

♪ 表 1-1-1

所以各位可以看到，作業系統就相當於政府的角色，它負責管理人以及資源的運用。

讓我們回來這門課，在西方，當我們要討論知識學問或專有名詞時，我們都會先對這門知識學問或專有名詞來下個基本定義，例如說，什麼是化學？等這種定義，也許你會問，為什麼大家要這麼做？因為當我們把事情的最初定義給講清楚之後，大家才能根據這個定義來討論我們所要討論的知識或對象，而不會造成「你說你的，而我說我的」尷尬場面，所以在這一章開始之前，我們也應該要先對作業系統下一個基本定義，並且可能的話，這個基本定義不但要放諸四海皆準，而且還要能夠普遍。

但可惜的是，目前我還無法辦到對作業系統下一個放諸四海皆準，而且還要有夠普遍的基本定義，為什麼？因為作業系統實在是太複雜了，如果真要說，那我們暫且就引用維基百科上對於作業系統的基本定義：

作業系統（英語：Operating System，縮寫：OS）是一組主管並控制電腦操作、運用和執行硬體、軟體資源和提供公共服務來組織用戶互動的相互關聯的系統軟體程式，同時也是電腦系統的核心與基石。

所以從上面的定義當中我們看得出來，作業系統是一套軟體，而且還是一套具有管理性質的軟體，而這種管理性質，是不是跟我上面所講的「政府」的概念很像？

由於我們的知識與能力都很有限，所以實在是沒辦法就在一起始的時候就先對作業系統來下個嚴謹的基本定義，因此，我們就暫時先引用維基百科中對於作業系統的基本定義，不過隨著我們這門課的發展，各位在學習了作業系統的各個知識點之後，在本課程結束之時，各位可以來思考，從前面的知識點當中，讓我們來想一想，到底什麼是作業系統？而我們又如何來定義作業系統。

也許你會問，為什麼我要這麼做？說穿了，其實學問的訓練並不是要你死記一大堆的知識，主要是知識是無窮無盡的，以現代人來說，知識上網查就可以找得到了，重點是透過對於知識的理解與貫通之後，得出知識本身的精髓與重點，能夠做到這樣，就表示在學術訓練上已經有了一定的基礎，往後要學什麼知識學問都難不倒你，哪怕是跨領域的知識學問也是一樣。

最後，本課程重在理解，並且盡量用生活中的比喻來解說知識，請各位善用邏輯思考來面對問題即可，事先並不需要太多的預備知識，例如虛擬記憶體：

假設現在來了一群到野地烤肉的遊客，而這群遊客的總數一共是 300 人，但現在野地裡頭卻只有 5 個烤肉區，那管理員如何把這 300 人順利地安排進烤肉區裡頭來烤肉呢？

為了方便管理起見，管理員把這群 300 人的遊客以 25 人為一組來劃分，也就是分成了 12 組，但現在的烤肉現場卻只有 5 個烤肉區而已，因此，考慮到有些遊客現在還不想烤肉而想跑去玩水等因素，所以暫時不需要進入烤肉區，算一算，會有 7 組遊客無法進入烤肉區，而這 7 組人可以暫時被安排在烤肉區外的停車場內來等待，而停車場雖大，但也會把停車場的面積按照分組遊客的數量來劃分讓遊客進入。

安排完了之後，這 12 組當中的 5 個組人會被安排進烤肉區裡頭烤肉，剩下的 7 組人則是被安排在停車場當中來等候，如果那 5 個烤肉區當中的其中一個烤完了的話，這時 7 組人當中的其中一組就可以被安排進烤肉區裡頭來烤肉。

在上面的情境當中：

故事角色	電腦名詞
烤肉區	記憶體
分組	分頁
停車場	磁碟
停車場的可停車面積	虛擬記憶體的大小

♠ 表 1-1-2

虛擬機記憶體的概念便由此而來，當然啦！上面只是我隨便舉例而已，之所以會有虛擬記憶體的出現，其背後還有諸多因素，像是上面所講到的分頁等技術問題，而這些問題，在本課程當中盡量使用生活概念來描述，各位只要想一想，**12 組人如何活用 5 個烤肉區**這樣就夠了，至於你懂不懂虛擬記憶體，那已經是其次，能夠運用邏輯來處理與面對生活上的問題才是這門課的精神，同樣道理，課在最後上完後你了不了解作業系統，我覺得那也已經不是非常重要的事情了。

資料引用

https://zh.wikipedia.org/zh-tw/%E6%93%8D%E4%BD%9C%E7%B3%BB%E7%BB%9F

1-2 作業系統的品牌

在 1-1 中我們大略地簡介了一下作業系統的基本概念，在這裡，我將要跟各位介紹的是目前市面上作業系統的品牌，截至 2022/05/23 日為止，比較知名的作業系統有以下的品牌：

- Linux
- macOS
- Solaris
- Windows

當然如果你還有用手機的話，那 Android 也是一款相當知名的作業系統。

嚴格來講，作業系統的發展是處於一種演化的狀態，像 Windows 從最初的 1.0 開始便不斷地演化，到今天的 2022/05/23 日為止，Windows 已經演化成了 Windows 11。

這種發展歷程其實很自然，前面說過，作業系統就像個政府，當政府在草創初期，當然內部不會很完備，但隨著時代的演變，政府的組織與結構自然也會越來越複雜，例如說上古時期由於沒有環境汙染等問題，因此就沒有環保署這種組織，又如以前的科學技術沒那麼發達，因此，也就沒有國科會或科技部等這種組織，而之所以會有環保署、國科會或科技部等這種組織，是因為後來時代演變所造成的，同樣道理，作業系統也是一樣。

看到這也許你還會問，為什麼作業系統的品牌會這麼少？背後是不是有什麼特殊原因呢？這主要是因為，跟開發一般的商用軟體相比起來，開發作業系統是一件相當不容易的事情，所以全世界沒有多少間公司能夠開發作業系統，這也是為什麼市面上作業系統的品牌會很少，看來看去也只有那幾家在賣的原因了。

最後，我在此放上一部有關於 Windows 歷史的發展影片，有興趣的各位可以參考看看：https://www.youtube.com/watch?v=4oE6nEt3uRM。

看完影片後各位應該可以發現到，影片中的內容是從 Windows 1.0 開始一直介紹到現今正流行於全世界的 Windows 10，另外，macOS 的發展歷史各位也可以參考如下的影片：https://www.youtube.com/watch?v=_87Bfw1MVsA。

至於 Linux 的歷史發展各位可以參考下面的影片：https://www.youtube.com/watch?v=qWb3Fm3ZpNk。

1-3 作業系統的簡單定義

上完了前兩節的課程之後，各位也許會說：「你連作業系統是什麼鬼都不說清楚，那後面的梗你要如何鋪下去？」

　　好吧！我承認如果我沒有把什麼是作業系統這個定義給講清楚的話，後面的路可能會有點難走，當然啦！在給作業系統下個基本定義之前，讓我們先來看一個例子，也許在看完了這個例子之後，我們會比較有頭緒地來思考「什麼是作業系統」的這個基本問題了。

　　大明和阿花決定在今年六月時結婚，他們在結婚前事先請婚禮企劃人員幫忙寫了結婚申請書，而結婚申請書的上面則是寫了如下的內容：

結婚申請書		
香蕉市政府	市長：王芭樂	申請日期：2020/11/10
內文		
第一行	大明今年 25 歲	備註：男方姓名
第二行	阿花今年 18 歲	備註：女方姓名
第三行	大明和阿花要結婚	備註：事由
第四行	婚禮要辦在離香蕉市政府外 100 公里處的大教堂	備註：舉辦地點

○ 表 1-3-1

　　寫完後，婚禮企劃人員就把結婚申請書遞給了香蕉市政府，這時候的香蕉市政府收到了結婚申請書之後，便把結婚申請書給放入籃子內，這時政府執行員會從籃子內從上到下依序地閱讀結婚申請書當中的內容，並且閱讀一行就做一件事情，例如當政府執行員閱讀到第三行的時候，政府執行員就知道原來這小倆口要結婚，讀到第四行完畢的時候，政府執行員便會立刻請快遞，通知離香蕉市政府外 100 公里處的大教堂那說有一對新人即將要結婚，請教堂做好準備。

　　在上面的故事裡頭，香蕉市政府負責收取文件，收取文件了之後，便會由政府執行員來逐步讀取結婚申請書裡頭的內文，讀完內文之後，便會派人去工作，而所謂的作業系統，就是上面所說的香蕉市政府。

　　在這整件事情當中，香蕉市政府可以說是統籌婚禮的主要單位，也就是因為有了這個單位，婚禮才能有序地進行，而不至於出現如何執行或者是如何管理的情況出現，而香蕉市政府這個單位的特徵，就是在婚禮企劃人員與政府執行員甚至是快遞等之間扮演著一個所謂的仲介者角色。

現在，讓我們回到電腦，如果把上面的故事給轉換成電腦專有名詞的話，那就會是：

故事角色或劇情	電腦名詞
香蕉市政府	作業系統
婚禮企劃人員	程式設計師
結婚申請書	執行檔
結婚申請書格式	執行檔格式，例如 PE 結構的 EXE 執行檔
內文（由婚禮企劃人員來撰寫）	程式碼（由程式設計師來撰寫）
籃子	記憶體
政府執行員	CPU
立刻請快遞，通知離香蕉市政府外 100 公里處的大教堂那說有一對新人即將要結婚，請教堂做好準備	I/O 也就是輸入輸出

↷ 表 1-3-2

TIPS

上面的內容也許不是非常地完全正確，但我已經盡量比喻，因為要寫到連小朋友也都看得懂是非常不容易。

所以，如果真的要定義作業系統的話，那我們可以對作業系統來下個既簡單又初步的基本定義：**作業系統，就是一組介於使用者與電腦硬體之間可以互相溝通的仲介軟體。**

一般來說，我們可以用個區塊來表示這之間的關係：

使用者
程式語言 網路 資料庫等等
系統程式 應用程式
底層硬體

↷ 表 1-3-3

從使用者的角度來觀看，使用者所關心的是如鍵盤或滑鼠等裝置，而這些裝置，則是由作業系統在幕後辛苦地工作。至於應用程式所關心的是，當應用程式被執行的時候，作業系統如何安排系統的硬體或資源來支援應用程式的工作，例如說音樂播放軟體，當你點下音樂播放軟體上的某一首音樂之時，作業系統便會安排系統的音效卡以及喇叭（也就是 I/O）等讓音樂可以順利地被播放出來。

隨著科技的發展，現在的作業系統也已經從原本的桌上型演化成諸如手機或平板電腦等的掌上型作業系統，但不管需求怎麼變，原則上作業系統的基本工作原理還是不變，這也是為什麼，學通了一個作業系統之後，便可以觸類旁通到其他的作業系統的原因就在於此了。

1-4 作業系統的處理方式

在講解這個主題之前，先讓我們來想幾個問題，如果你手上有下列的 10 個行程，分別是：

> 去銀行存款
> 到戶政事務所辦理戶籍登記
> 逛夜市
> 中午 12 點鐘跟朋友聚餐
> 起床
> 晚上 10 點吃消夜
> 到百貨公司逛街
> 看電影
> 到醫院探病
> 到便利商店繳交今天上午 10 點前截止的交通罰單

那你該怎麼安排？我想安排的方式有：

1. 批次系統的處理辦法

(1) 一件一件來，例如說從第 1 項開始，依序處理到第 10 項，也就是依次處理事情。

(2) 從最簡單的項目來開始，例如說第 5 項的起床，也就是說，最簡單的事情先做，比較困難的事情放到後面才做。

(3) 重要的開始先做，不重要的放到後面才做，例如晚上 10 點吃消夜，消夜有沒有吃那都無所謂。

像上面三項的解決辦法，就是所謂的批次處理（這名詞是我自己發明的，所以你也不用太 care），而在電腦的專有名詞術語當中，我們不稱我自己所發明的名詞「批次處理」而是稱之為「**批次系統**」

2. 即時系統的處理辦法

給每一項工作設定個時間，例如說第 7 項的「到百貨公司逛街」預計設定時間為 50 分鐘，如果在 50 分鐘內逛完，則設定為成功執行完工作，反之則為失敗。

以上兩種是我們針對我們的行程所設計出來的解決方式，接下來的解決方式就比較難用上面的例子來舉例，讓我們另外來舉個例子。

假設現在有一位 A 先生，他希望能夠一個人來製作巧克力牛奶布丁，所以他至少需要開設下面的五間公司：

(1) 製糖公司

(2) 巧克力公司

(3) 牛奶公司

(4) 布丁公司

(5) 組裝公司

來幫他製作他心目當中的巧克力牛奶布丁，於是他有兩種方法：

3. 單工與多工系統的處理辦法

➤ 開設製糖公司，製糖公司製糖完畢後，生產糖，接著 A 先生取走糖之後公司關門大吉。

➤ 開設巧克力公司，巧克力公司製作完巧克力，生產巧克力，接著 A 先生取走巧克力之後公司關門大吉。

> ➢ 開設牛奶公司，牛奶公司製作完牛奶，生產牛奶，接著 A 先生取走牛奶
> 之後公司關門大吉。

> ➢ 開設布丁公司，布丁公司製作完布丁，生產布丁，接著 A 先生取走布丁
> 之後公司關門大吉。

> ➢ 開設組裝公司，組裝公司把上面的糖、巧克力、牛奶以及布丁等給合成
> 完畢之後，便生產出了含糖的巧克力牛奶布丁，接著 A 先生取走了含糖
> 的巧克力牛奶布丁之後公司便關門大吉。

像這種每開一間公司，且公司完成工作後就關門大吉的做法，就是所謂的
單工，但也許你會說，假如當 A 先生在取走牛奶之後且關閉了牛奶公司，但事
後 A 先生發現此時的牛奶不對味，那這時候 A 先生為了保證產品的品質，於是
又得重複下面的事情：

> ➢ 開設牛奶公司，牛奶公司製作完牛奶，生產牛奶，接著 A 先生取走牛奶
> 之後公司關門大吉。

各位可以看到，上面的工作用單工的方式來處理實在是太麻煩了，不如乾
脆同時開設每間公司，且每間公司都不要關門大吉，如果 A 先生在其中的某一
個步驟當中出了問題的話，那他只要回到那間公司裡頭去換個新產品即可，不
需要再重新開設新公司之後再來製造同樣的產品，而像這種情況，我們就稱之
為**多工**。

而現在的作業系統，在處理軟體的方式上都是屬於多工，例如說，你可以
在你的 Windows 作業系統上同時打開小畫家、Word 檔，當你在小畫家上面處理
完圖案之後就不需要關閉小畫家（如果要關閉，那就變成單工了），接著把圖案
給直接貼在 Word 檔案上，這就是多工的一種好處，而 Windows 作業系統就是
採用多工的方式來處理。

至於跟多工還有一個容易相混淆的概念則是多執行緒，比方說，當你瀏覽
網頁的時候，網頁不但可以同時放出音樂，還可以播放網頁上的影片，甚至是
在網頁上打遊戲等，網頁就相當於公司（行程，也就是 Process），而放音樂、播
影片以及打遊戲等則是由公司裡頭的三位員工（執行緒，也就是 Thread）在執
行放音樂、播影片以及打遊戲等工作。

也就是說，小畫家和 Word 分別是兩間公司，而網頁則是一間公司，而在網頁這間公司裡頭有三位員工，而這三位員工分別來執行放音樂與播放影片，而且還執行讓你在網頁上打遊戲的工作。

1-5 小型電腦的作業系統概說

小型電腦系統，又稱為微型電腦系統，在電腦剛被發明出來之時，其體積非常龐大，各位小朋友們你們能想像你們現在正在使用的電腦，以前可是需要好幾間教室才塞得進去嗎？例如像下面的 IBM 704 電腦，它是世界上第一台可以唱歌的電腦，但體積非常龐大，幾乎佔用了一整個房間：

🎧 圖 1-5-1

當時由於技術問題，電腦的體積不但非常龐大，而且操作起來還相當不易，直到後來，由於科技的進步，因此，慢慢地電腦便從原本的大體型發展到了小體型，像是你目前所用的桌上型電腦就是一個很好的例子（右圖為華碩 ASUSPRO）：

🎧 圖 1-5-2

　　慢慢地，現在有的電腦已經把主機跟螢幕給結合在一起，例如像右邊這台 Lenovo Ideacentre AIO 700 就是其中一個例子：

🎧 圖 1-5-3

　　後來，由於技術的進步，遂誕生了筆記型電腦（圖為 ThinkPad L13）：

🎧 圖 1-5-4

　　一直到目前你所使用的手機（圖為 Asus ZenFone 5（ZE620KL）智慧型手機）：

🎧 圖 1-5-5

甚至是智慧型手表（右圖為第五代的 Apple Watch）：

🎧 圖 1-5-6

　　各位不要以為智慧型手機或智慧型手表是獨立於電腦的產物，其實不是，智慧型手機以及智慧型手表其實也都是小型電腦，且裡頭都有搭配作業系統，以及特別注意一點，由於智慧型手表在設計上比較簡單，因此，它們所搭配的作業系統在功能上跟桌上型電腦的作業系統有點不太一樣。

　　在前面的介紹當中，除了 IBM 704 電腦沒有作業系統之外，剩下的小型電腦都有作業系統，例如前面所提過的華碩 ASUSPRO 與 Lenovo Ideacentre AIO 700 等就是搭配了現今最流行的 Windows10 作業系統，至於 Asus ZenFone 5 (ZE620KL) 智慧型手機則是搭配了 Android 作業系統，而第五代的 Apple Watch 採用的則是由蘋果電腦公司所開發出來的 watchOS「行動作業系統」。

參考資料

　　本文圖片均來自於網路，全非由本人所創造或發明。

　　行動作業系統：https://zh.wikipedia.org/zh-tw/%E8%A1%8C%E5%8B%95%E4%BD%9C%E6%A5%AD%E7%B3%BB%E7%B5%B1

　　watchOS：https://zh.wikipedia.org/zh-tw/WatchOS

1-6 多處理器系統概說

各位還記得我曾經在前面的第三節當中我講了一個小故事嗎？那時候我舉了大明和阿花決定在今年六月時結婚的例子，在那例子當中我說：

..... 寫完後，婚禮企劃人員就把結婚申請書遞給了香蕉市政府，這時候的香蕉市政府收到了結婚申請書之後，便把結婚申請書給放入籃子內，這時「政府執行員」會從籃子內從上到下依序地閱讀結婚申請書當中的內容 .....

如果對這故事不清楚的各位，可以回去翻翻第三節的內容之後就知道了。而在上面的引用文章當中，各位可以看到「政府執行員」這五個大字被標示上了引號，那為什麼是引號呢？因為這表示「政府執行員」是我們這一節裡頭的主角。

現在，請各位回想一下大明和阿花的結婚申請書：

結婚申請書		
香蕉市政府	市長：王芭樂	申請日期：2020/11/10
內文		
第一行	大明今年 25 歲	備註：男方姓名
第二行	阿花今年 18 歲	備註：女方姓名
第三行	大明和阿花要結婚	備註：事由
第四行	婚禮要辦在離香蕉市政府外 100 公里處的大教堂	備註：舉辦地點

🎧 表 1-6-1

那時候我說，結婚申請書會被政府執行員給一行一行地閱讀之後並且執行，現在讓我們來設想一個情況，如果你今天是政府領導人，而現在整間政府裡頭有很多像大明和阿花這樣的結婚申請書要處理，可是整間政府裡頭卻只有一位政府執行員在工作，那你想想，這位政府執行員可是要花多少時間才能夠把事情給全部處理完畢？如果這時候你能夠請很多位政府執行員來幫你處理事情的話，那相對來說事情是不是就可以很快地處理完畢？

所以，只有一位政府執行員的情況，我們就稱為單政府執行員，如果有多位政府執行員的情況，我們就稱為多政府執行員，因此，我們可以得到一個概念：

1. 如果一間政府裡頭只有一位政府執行員的話，那就是單政府執行員政府。

2. 如果一間政府裡頭有多位政府執行員的話，那就是多政府執行員政府。

現在，請各位來試想一下第二項，假如此時此刻要是有多位政府執行員的話，那你該怎麼組織他們，好讓他們來工作呢？我想這會有兩種方法：

1. 每位政府執行員的地位都相等。

2. 選出一位像是組長、課長又或者是主任等的主要負責人，而其他的政府執行都是這位主要負責人的屬下。

像第一種安排方式，我們就稱之為對稱多政府執行員系統，至於第二種，就稱之為非對稱多政府執行員系統。

在對稱多政府執行員系統當中，大家的地位全都平等，而且也各自負責處理好自己的事情，彼此之間也可以互通資訊，至於在非對稱多政府執行員系統當中，那情況可就不一樣了，由於在非對稱多政府執行員系統當中有一位負責人也就是老大，因此，老大會分配工作給他下面的小弟小妹們來處裡事情，這情況就猶如主人和僕人之間的關係一樣。

回到電腦，讓我們把前面所說過的話給轉換一下。我之前說過，所謂的政府執行員就是電腦裡頭的 CPU（或稱之為處理器），因此，我們也可以得到一個概念：

> 如果一台電腦裡頭只有一顆 CPU 的話，那就是單處理器系統。

> 如果一台電腦裡頭有多顆 CPU 的話，那就是多處理器系統。

試想一下第二項，要是有多顆 CPU 的話，那你該怎麼組織它們，好讓它們來工作呢？我想這也會有兩種辦法：

> 每顆 CPU 的地位都相等。

> 選出一顆 CPU 為主處理器，而其他的 CPU 則為僕處理器。

像第一種安排方式，我們就稱之為對稱多處理器系統，至於第二種，就稱之為非對稱多處理器系統。

在對稱多處理器系統當中，每顆 CPU 的地位全都平等，而且也各自負責處理好自己的事情，彼此之間也可以互通資訊，至於在非對稱多處理器系統當中，那情況可就不一樣了，由於在非對稱多處理器系統當中只有一顆主處理器，因此，主處理器則是會分配工作給其他的處理器也就是僕處理器來處裡，這情況就猶如主人和僕人之間的關係一樣。

要是一台電腦裡頭有多顆 CPU 的話，則其優缺點為何？

（提示，一間政府裡頭如果有多位政府執行員的話，那會有什麼優缺點？例如說工作效率問題，又或者是如果有一位政府執行員請假的話，那其他的人就可以接手…）

1-7 分散式系統概說

在講解分散式系統這個概念之前，讓我們先來想一個問題。

假如現在世界上正流行感冒，這時候世界各國的政府為了抵抗疫情，於是便投入了資金與技術來研究感冒疫苗，於是，這就出現了兩個問題：

1. 各國政府各自研究各自的疫苗，但成果可以互相分享。

2. 由某一國家的政府出來當領導，並且分配工作與任務給其他國政府，最後完成疫苗研發。

關於第一點，每一國家的政府在地位上彼此都相等，這就好像彼此之間全都平行地串在一起且無高低地位等問題，並且相互之間還會分享各自所研發出來的醫學成果，而像這種政府，我們就稱之為點對點政府。

至於第二點，選出一個醫學最發達的國家來當領導，並且把知識與技術分配給其他國家，以滿足各個國家在研發疫苗技術上的需求，而像這種政府，我們就稱之為主從政府。

讓我們回到電腦，電腦的配置也跟上面所講的情況一樣，也是有點對點以及主從的配置等情況，讓我們分開來看：

> 點對點系統：這種系統的設計，主要是每台電腦之間的地位全都相等，並且彼此之間還可以共享資料。

> 主從系統：由一台電腦（也就是上面所說的醫學最發達的國家）來提供工作給其他台電腦，並且滿足其他台電腦的需求，在這種情況裡頭，提供工作的電腦我們就稱之為伺服器（Server），而拿到工作或任務等的電腦，我們就稱之為客戶端（Client）。

由於分散式電腦彼此之間都會牽涉到溝通與交換資料等問題，所以這時候要把它們給連結起來就是一件非常重要的事情了，至於怎麼連結？答案就是靠現今最流行的網際網路通訊技術來把電腦與電腦之間給串聯起來，由於網路技術的內容非常龐大，因此，關於分散式系統的介紹我們就暫時先講到這，等到後面我們會來講講網路通訊的基本概念。

1-8　雲端系統概說

雲端，是現在一個很流行的話題，那到底什麼是雲端呢？在此，我們先不要去想那麼多，讓我們先來想一個問題：

假如 A 國的附近有一座小島，但由於小島上人數稀疏，所以 A 國在這座小島上並沒有設立當地政府，有一天，島上的兩位居民想要辦理結婚登記，那這對新人該怎麼做呢？

這對新人可以有幾種解決問題的方法（以下是我目前所想出來的兩種方法，當然各位可以再想想還有沒有其他的解決方法）：

1. 請 A 國政府立刻在小島上設立政府，並且滿足這對新人的需求。

2. 這對新人在小島上事先寫好結婚申請書之後，請郵差送到 A 國政府，當 A 國政府批准後，屆時會再請郵差把結婚證書給送回小島。

而本節所介紹的雲端系統，就是屬於第二種。

讓我們回到電腦，雲端處理的意思是說，把自己電腦裡頭的資料與運算等，全部交由遠方的電腦來處理，而當遠方的電腦處理完畢之後，就會把結果給送回自己的電腦當中，而雲端的優點就在於，使用者本身不需要處理電腦的硬體

問題，只要開啟雲端網頁之後，就可以把資料與運算等，全都交由遠方的電腦來進行處理即可。

以上是對於雲端的大致簡介，當然啦，我們對於雲端也沒下一個很嚴謹的定義，不過，有沒有定義暫時先不要緊，能夠把概念給建立起來就已經很棒了。

最後，我們對作業系統的基本概念已經稍微地建立了起來，我的用意主要是說，作業系統是現代電腦的基本要件，少了它，使用者在操作電腦起來會非常辛苦，但話雖如此，沒有作業系統其實也是可以操作電腦的。各位還記得我曾經在前面說過，電腦剛被發明之時是沒有作業系統的，但那時候的人還是可以操作電腦，只是過程非常辛苦。

從下一章開始，我們要逐步地進入電腦的根本核心，也就是計算機組織與結構，計算機組織與結構關鍵到整個電腦的運作原理，各位可以在裡頭看到電腦是如何地運作程式，而這部分的內容，會貫穿本書甚至是我們對於電腦的根本認知。

Chapter 02

計算機組織與
結構概說

2-1 系統結構概說

在前面，我們說明了作業系統的基本概念，不知道各位有沒有發覺到，在前面的課程裡頭雖然我們沒有明講，但其實已經把整台電腦的大致輪廓與運行原理在不知不覺之中給漸漸地描繪了出來？這樣講也許太過於抽象，請各位回想一下我們在前面的課程當中所提到過的表：

故事角色或劇情	電腦名詞
香蕉市政府	作業系統
婚禮企劃人員	程式設計師
結婚申請書	執行檔
結婚申請書格式	執行檔格式，例如 PE 結構的 EXE 執行檔
內文（由婚禮企劃人員來撰寫）	程式碼（由程式設計師來撰寫）
籃子	記憶體
政府執行員	CPU
立刻請快遞，通知離香蕉市政府外 100 公里處的大教堂那說有一對新人即將要結婚，請教堂做好準備	I/O 也就是輸入輸出

⌒ 表 2-1-1

其實，如果你能夠了解這張表，那你對電腦系統的基本結構就已經有了初步的概念，像是如果你把上表中的：

立刻請快遞，通知離香蕉市政府外 100 公里處的大教堂那說有一對新人即將要結婚，請教堂做好準備	I/O 也就是輸入輸出

⌒ 表 2-1-2

內容加入些東西並且稍微修改一下之後你就懂了：

立刻請快遞，通知離香蕉市政府外 100 公里處的大教堂那說有一對新人即將要結婚，請教堂做好準備	I/O 也就是輸入輸出，例如像是：鍵盤、滑鼠、印表機、螢幕顯示器與電玩搖桿等等

⌒ 表 2-1-3

這樣，我們對於電腦的基本結構就已經有了最基本的概念。

原則上，我們可以用張圖來總結上面的內容：

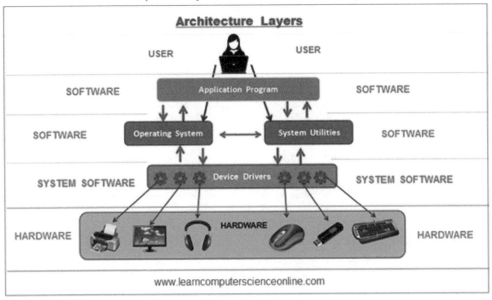

○ 圖 2-1-1

上圖中，使用者操作應用程式，並且透過作業系統來驅動底層的硬體，之後讓硬體工作，這情況就像當你點下音樂播放軟體之後，作業系統不但會執行音樂播放軟體，並且還會驅動底層的音效卡，接著讓喇叭放出聲音，這樣你就可以聽到你想要聽的音樂囉。

本節圖片非本人所創作，全由網路上搜尋所得：

https://www.google.com/search?q=computer+system+architecture

2-2 記憶體概說

經過了前面的學習之後，相信各位現在已經對電腦系統都比較有了個最簡單的基本概念，現在，我要來跟大家說個大家比較常見，但又不是很清楚的主題，也就是本節的題目 - 記憶體。

什麼是記憶體呢？如果各位還記得我們前面的教學課程的話，那時候我用籃子這個概念來比喻記憶體，當然啦！講籃子那是為了方便教學，但在接下來的內容之中，還是請各位暫且先把記憶體的概念跟籃子給畫上等號，這樣各位也許在閱讀下面的知識之時，相信你會比較好理解。

在講解記憶體這個概念之前，讓我們先來想四種情況，假設有一個籃子，籃子裡頭充滿水：

1. 你在籃子裡頭放了一條紅色金魚，這時候你看到籃子裡頭的金魚是什麼顏色的？別懷疑，答案就是紅色。

2. 你在籃子裡頭放了一條紅色金魚，接著又放入了一條橙色金魚，此時橙色金魚吃掉這條紅色金魚，這時候你看到籃子裡頭的金魚是什麼顏色的？答案是橙色。

3. 你在籃子裡頭放了一條紅色金魚，接著又放入了一條橙色金魚，此時橙色金魚吃掉這條紅色金魚，接著你又放入了一條黃色金魚，此時黃色金魚吃掉這條橙色金魚，這時候你看到籃子裡頭的金魚是什麼顏色的？答案是黃色。

4. 你在籃子裡頭放了一條紅色金魚，接著又放入了一條橙色金魚，此時橙色金魚吃掉這條紅色金魚，接著你又放入了一條黃色金魚，此時黃色金魚吃掉這條橙色金魚，接著你又放入了一條綠色金魚，此時綠色金魚吃掉這條黃色金魚，這時候你看到籃子裡頭的金魚是什麼顏色的？答案是綠色。

各位可以看到，我們可以把金魚給放進籃子裡頭去，但是請注意，你放置多少條金魚那都無所謂，但是先前所放置的金魚，全都可以被後面的金魚給吃掉，屆時當你重新讀取籃子裡頭的金魚顏色之時，便會出現初次在籃子裡頭所放

入的金魚顏色不一定會跟最後所讀到籃子裡頭的金魚顏色完全一模一樣，所以，籃子內的金魚顏色是可以被改變的。

本節所要講的記憶體，其情況就跟上面的例子非常**相似**，在上面的例子中，記憶體就相當於籃子，而金魚就相當於數據，我們可以把數據給放入記憶體當中，但是也可以隨時來修改記憶體當中的數據，也許你會問，那這樣做不是太危險了嗎？

沒錯，所以在記憶體的設計上，目前主要有兩種對於記憶體的設計巧思：

1. 隨機存取記憶體（Random Access Memory，縮寫：RAM；別名主記憶體）：把數據給丟進隨機存取記憶體裡頭去之後**可以**對數據來進行覆蓋或修改，性質就跟我們上面所舉的籃子很像，把金魚給丟進籃子裡頭去之後，又可以放入新的金魚來吃掉原來的金魚，最後所讀到的新金魚的顏色就不一定會跟原來的金魚一模一樣。

2. 唯讀記憶體（Read-Only Memory，縮寫：ROM）：把數據給丟進唯讀記憶體裡頭去之後**不可以**對數據來進行覆蓋或修改，而且數據也不會因為把電腦給關閉之後而消失，其性質就跟我們上面所舉的籃子也很像，只是說當你放置了第一條金魚進入了籃子裡頭去之後，就不能再放另外一條新的金魚來吃掉原來的第一條金魚。

當你打開電腦之時，放在唯讀記憶體裡頭的初始程式會先運行，接著啟動 CPU 等裝置，並將作業系統給載入記憶體來運行（這部分是屬於 Kernel 模式）。

最後我要說明的是，**在記憶體（此處指隨機存取記憶體）之內要覆蓋舊數據之時，放在記憶體之內的舊數據會被清除，之後重新寫入新數據，屆時你所讀取到的數據，就會是新數據了。**

2-3 堆疊概說

　　在講解堆疊這個概念之前，讓我們先來看看一則小故事，在前面，我曾經舉了籃子（也就是記憶體）這玩意兒，並且說明了它的功用。現在，假設有四個籃子，且每個籃子從上到下都按照順序加上編號來排列的話，那情況就會是這樣：

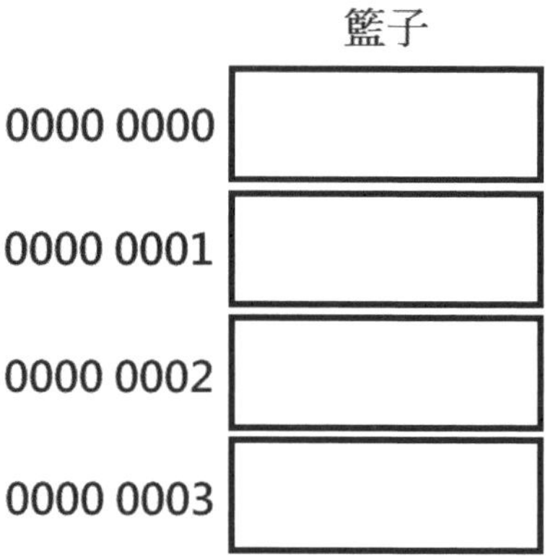

籃子

0000 0000

0000 0001

0000 0002

0000 0003

○ 圖 2-3-1

　　假設我現在要把 1 塊錢給放進最下面也就是編號 0000 0003 的籃子裡頭去的話，那我現在該怎麼做呢？很簡單，直接把 1 塊錢給放到最下面的籃子裡頭去之後就可以了，情況如右圖所示：

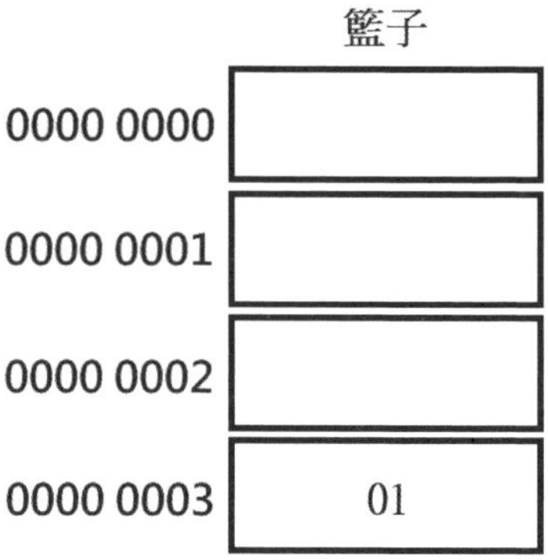

籃子

0000 0000

0000 0001

0000 0002

0000 0003 ｜ 01

○ 圖 2-3-2

　　如果接下來我要從下到上或者是按照編號的順序分別地來放置 6 塊錢、8 塊錢以及 2 塊錢進去的話，那情況應該也會跟上面一模一樣，以下是放置 6 塊錢之時的情況：

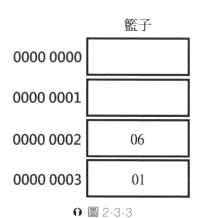

籃子

0000 0000

0000 0001

0000 0002 ｜ 06

0000 0003 ｜ 01

○ 圖 2-3-3

8 塊錢：

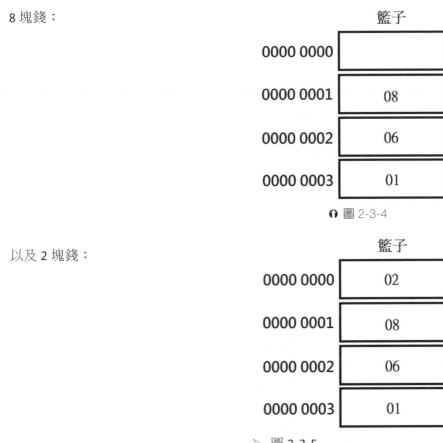

籃子

0000 0000	
0000 0001	08
0000 0002	06
0000 0003	01

♠ 圖 2-3-4

以及 2 塊錢：

籃子

0000 0000	02
0000 0001	08
0000 0002	06
0000 0003	01

➤ 圖 2-3-5

假如我現在要把籃子內的錢給依序地取出來呢？那就是從籃子最開始的編號 0000 0000 準備把 2 塊錢給取出來：

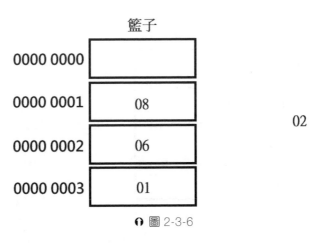

籃子

0000 0000	
0000 0001	08
0000 0002	06
0000 0003	01

02

♠ 圖 2-3-6

接著是編號 0000 0001 的 8 塊錢:

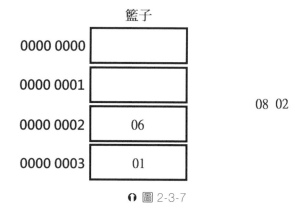

🎧 圖 2-3-7

編號 0000 0002 的 6 塊錢:

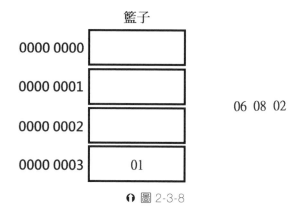

🎧 圖 2-3-8

最後則是編號 0000 0003 的 1 塊錢:

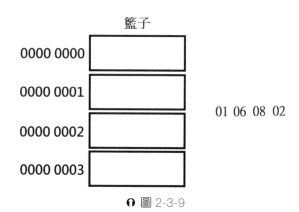

🎧 圖 2-3-9

像這種把數字給依序地放進籃子（也就是記憶體）裡頭去，並且最先進去的數字（例如上面所說的 1 塊錢）最後出來，而最後進去的數字（例如上面所說的 2 塊錢）最先出來的情況我們就稱之為堆疊。

2-4　快取概說

在講解快取之前，讓我們先回到表格：

結婚申請書		
香蕉市政府	市長：王芭樂	申請日期：2020/11/10
內文		
第一行	大明今年 25 歲	備註：男方姓名
第二行	阿花今年 18 歲	備註：女方姓名
第三行	大明和阿花要結婚	備註：事由
第四行	婚禮要辦在離香蕉市政府外 100 公里處的大教堂	備註：舉辦地點

♠ 表 2-4-1

並且我還說：

………香蕉市政府收到了結婚申請書之後，便把結婚申請書給放入籃子內，這時政府執行員會從籃子內從上到下依序地閱讀結婚申請書當中的內容，並且閱讀一行就做一件事情………。

假設，我們現在的表格長這樣：

結婚申請書		
香蕉市政府	市長：王芭樂	申請日期：2020/11/10
內文		
第一行	大明今年 25 歲	備註：男方姓名
第二行	阿花今年 18 歲	備註：女方姓名
第三行	計算新人的年齡總和	備註：計算小倆口的總年齡
第四行	大明和阿花要結婚	備註：事由
第五行	婚禮要辦在離香蕉市政府外 100 公里處的大教堂	備註：舉辦地點

♠ 表 2-4-2

這時候政府執行員還是跟前面所講的一樣,把放在**籃子**裡頭的結婚申請書給一行一行地從上到下來閱讀,並且當政府執行員讀到第三行的時候,政府執行員就會計算這小倆口的年齡總和。

現在讓我們來想一件事情,假設這張表格不是只有五行,而是有上千行甚至是上萬行,且「計算新人的年齡總和」這件事情在上千行或上萬行的表格之內重複出現很多次,況且要是放置結婚申請書的**籃子**位於政府執行員左手邊100公分的地方,那政府執行員因為需要閱讀「計算新人的年齡總和」這句話的時候,每次就得把身體往左邊靠100公分來閱讀「計算新人的年齡總和」這句話,長久下來這實在是很麻煩,因此,這時候為了方便起見,有個聰明的傢伙就在離政府執行員左手邊5公分的地方放了個**A籃子**,並且在**A籃子**裡頭放置了「計算新人的年齡總和」這句話,以後如果政府執行員需要再次閱讀「計算新人的年齡總和」這句話的時候,政府執行員只要把身體往左靠個5公分之後就可以「**快**」速「**取**」得且閱讀到「計算新人的年齡總和」這句話。

在上面的故事當中:

故事角色或劇情	電腦名詞
籃子	記憶體
A籃子	**快取(記憶體)**

🎧 表 2-4-3

快取或稱為快取記憶體(Cache)也是一種記憶體,只是說存取速度比一般的記憶體(隨機存取記憶體)還要來得快速的一種(隨機存取)記憶體。

如果你對上面的故事感到不是很能夠理解,那你可以看一下下面的這則小故事:

螺絲起子、老虎鉗、鐵鎚以及鐵釘等全都被放在工具箱裡頭,且工具箱距離使用者左手邊有100公分遠,如果這時候使用者因為需要使用工具箱裡頭的鐵鎚的話,此時使用者便得往左走100公分,接著從工具箱裡頭取出鐵鎚,再接著往右走回100公分而使用鐵鎚來工作,而當鐵鎚被用完了之後,使用者又得往左走100公分的距離來把鐵鎚給放回工具箱裡頭去,最後又往右走100公分的距離來繼續工作。

過了 5 分鐘之後，如果使用者還要再次地使用鐵槌，那此時的使用者又得往左走 100 公分，接著從工具箱裡頭取出鐵鎚，再接著往右走回 100 公分而使用鐵鎚來工作，而當鐵鎚被用完了之後，使用者又得往左走 100 公分的距離來把鐵鎚給放回工具箱裡頭去，最後又往右走 100 公分的距離來繼續工作。

如果時間過了 8 分鐘或 10 分鐘之後，這位使用者又要再次地使用鐵槌的話，那我看這位使用者一定會煩死，不如這樣，乾脆就在離使用者左手邊 5 公分的地方又另外放置一個 **A 工具箱**，然後可以把鐵鎚給放入這個 **A 工具箱**裡頭去，如果使用者因為工作上的需求必須得大量重複地使用到這把鐵槌的話，那使用者只要往左手邊伸手個 5 公分之後便可以「**快**」速「**取**」得 **A 工具箱**之內的鐵鎚，此時我們就稱這個 **A 工具箱**為快取工具箱（也就是本節所要說的快取記憶體啦）

2-5　中斷概說

在講解中斷之前，請各位先注意一下，本小節的內容並不一定會對應到真實的電腦系統，只是純粹講個基本概念而已，讓我們一樣先回到表格：

結婚申請書		
香蕉市政府	市長：王芭樂	申請日期：2020/11/10
內文		
第一行	大明今年 25 歲	備註：男方姓名
第二行	阿花今年 18 歲	備註：女方姓名
第三行	大明和阿花要結婚	備註：事由
第四行	婚禮要辦在離香蕉市政府外 100 公里處的大教堂	備註：舉辦地點
第五行	在教堂外放鞭炮	備註：慶祝

🎧 表 2-5-1

現在政府執行員已經把表格內的前四行給全部讀完，並且也已經把工作內容給傳送到 100 公里處的大教堂，也就是說，此時的政府執行員已經在前四行的內容給讀完之後，目前正處於閒閒沒事幹的狀態，而此時遠方 100 公里處的大教堂正在舉辦著婚禮，但假如這時候婚禮舉行到一半，牧師正要詢問大眾有沒有人反對這件婚禮的時候，突然間有人衝了進來，並且大聲地說我反對！

啊靠!原來是新郎的前女友衝了進來,並且大聲地喊了「我反對」這三個字,於是婚禮被迫中止,這時候由於婚禮被迫中止,因此大教堂便通知遠在 100 公里處的政府執行員,告訴政府執行員現在婚禮正處於被迫中止的狀態。

當政府執行員收到從遠方 100 公里處所傳來的中止消息之後,便會暫時停止目前手上的工作,接著去執行因為婚禮被迫中止時的後續行為,例如準備抄傢伙來讓反對的人閉嘴,就在當傢伙全都準備好了之後,政府執行員便會趕赴婚禮,接著手上全亮著傢伙,此時原先反對的新郎前女友也沒了意見,於是政府執行員回去,婚禮繼續舉行,之後政府執行員便會開始閱讀第五行,而閱讀完之後便會告訴遠方的教堂現在已經可以在教堂外開始放鞭炮了。

一般而言,婚禮會發生中止的原因有很多種,讓我們來看一下:

婚禮中止表		
中止編號	中止原因	解決編號
0	新郎爸爸反對	0000 0000
1	新郎媽媽反對	
2	新娘爸爸反對	
3	新娘媽媽反對	
4	**新郎前女友反對**	0000 0001
5	新郎前男友反對	
6	新娘前女友反對	
7	新娘前男友反對	
8	婚禮突然下起狂風暴雨	0000 0002
9	有人搶婚	0000 0003

🎧 表 2-5-2

解決方法表	
解決方法表編號	解決方法
0:0000 0000	說服對方
1:0000 0000	
2:0000 0000	
3:0000 0000	

解決方法表編號	解決方法
4：0000 0001	抄傢伙
5：0000 0001	
6：0000 0001	
7：0000 0001	
8：0000 0002	換場地
9：0000 0003	把人搶回來

🎧 表 2-5-3

所以看了看，原來現在婚禮的中止原因是 **4** 號也就是**新郎前女友反對**，而反對發生之時，政府執行員也會順便把婚禮中止表當中的中止編號與解決編號給結合在一起，以 **4** 號**新郎前女友反對**為例，**4** 號所對應到的解決編號為 0000 0001，所以新產生的編號也就是 **4：0000 0001**，我們稱這個新編號 **4：0000 0001** 為解決方法表編號，接著政府執行員會從解決方法表編號 **4：0000 0001** 當中來找到與之相對應的解決方法，也就是**抄傢伙**來解決事情。

讓我們回到電腦，在上面的故事中：

故事角色或劇情	電腦名詞
遠方 100 公里處的大教堂內的婚禮突然間發生中止	中斷
婚禮中止表	中斷向量表（Interrupt Vector Table 簡寫為 IVT）
解決方法	中斷服務常式（interrupt Service Routine 簡寫為 ISR）

🎧 表 2-5-4

當電腦的 I/O 運行出現問題之時，此時便會發生中斷，這時候 CPU 便會把它目前的狀態給全部儲存起來，接著查詢中斷向量表（就是上面的婚禮中止表）與所對應的中斷服務常式的起始位址（也就是 **4：0000 0001**），並跳到中斷服務常式起始位址，接著執行中斷服務常式（例如上面所說過的**抄傢伙**），最後 CPU 完成工作，並回到中斷點，接著繼續執行後面的任務。

補充資料 - 中斷向量表

https://en.wikipedia.org/wiki/Interrupt_vector_table
https://en.wikipedia.org/wiki/Interrupt_descriptor_table

2-6 指標

在講解指標之前，請各位先注意一下，本小節的內容並不一定會對應到真實的電腦系統，只是純粹講個基本概念而已，現在，先讓我們來看一段小故事。

假設現在有兩個盒子，一個是 4 號盒子，而另一個則是 5 號盒子：

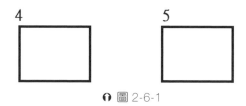

♪ 圖 2-6-1

這時候把 5 號盒子的編號給放入 4 號盒子裡頭去：

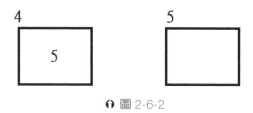

♪ 圖 2-6-2

此時 4 號盒子就會指向 5 號盒子（審校補充：**此時 4 號盒子「的內容」就「是」被指向的 5 號盒子**）：

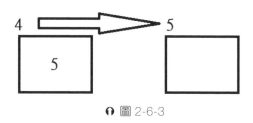

♪ 圖 2-6-3

這時候我們稱 4 號盒子就是指標。

所以從上面的例子當中我們可以看到，構成指標的要素就是：

指標裡頭必須要放著數字：例如 4 號盒子裡頭放著 5 號盒子的數字 5

指標會指向指標裡頭所放的數字：例如 4 號盒子指向 5 號盒子

回到我們的中斷，各位還記得在講中斷時所提到的解決方法表嗎：

解決方法表	
解決方法表編號	解決方法
0：0000 0000	
1：0000 0000	説服對方
2：0000 0000	
3：0000 0000	
4：0000 0001	
5：0000 0001	**抄傢伙**
6：0000 0001	
7：0000 0001	
8：0000 0002	換場地
9：0000 0003	把人搶回來

⋂ 表 2-6-1

　　解決方法表編號當中放置著數字，其實嚴格來講，解決方法表編號就是一個指標，它會指向解決方法，像是解決方法表編號當中的 **4：0000 0001**，它會指向解決方法當中的**抄傢伙**。

2-7　CPU 構造概說

　　在前面，我曾經使用了「政府執行員」這個概念來描述 CPU，現在，讓我們再對這個政府執行員來增加多一點描述，首先是暫存器。

1. 暫存器

　　我們知道政府執行員都會有自己的辦公室，而辦公室裡頭會有辦公桌，辦公桌裡頭會有很多抽屜，分別是：

(1)　AX 抽屜

(2)　BX 抽屜

(3)　CX 抽屜

(4)　DX 抽屜

等等抽屜，這些抽屜裡頭可以放些東西，例如說以大明和阿花那對新人的結婚年齡 25 歲和 18 歲來說，可以在 AX 抽屜裡頭放置大明的結婚年齡 25，而在 BX 抽屜裡頭放置阿花的結婚年齡 18：

各位都知道，抽屜是讓你暫時存放資料的地方，也就是說抽屜裡頭的東西是隨時可以被替換走的，因此，抽屜就像是暫時存放的容器，所以我們又把抽屜給稱之為暫存器。

AX

25

BX

18

⚙ 圖 2-7-1

2. 控制單元

例如說，政府執行員收到「把大明的年齡 25 以及阿花的年齡 18 給相加起來」的命令。

3. 算術邏輯單元

例如說，政府執行員執行「把大明的年齡 25 以及阿花的年齡 18 給相加起來」這件事情。

4. 快取記憶體

這之前說過了，因此不再說明。

讓我們來看一下流程：

當政府執行員收到「把大明的年齡 25 以及阿花的年齡 18 給相加起來」的命令之後（就是控制單元），便會把命令給丟到算術邏輯單元去，並且開始執行「把大明的年齡 25 以及阿花的年齡 18 給相加起來」這件事情，由於 AX 暫存器裡頭放置大明的結婚年齡 25，而在 BX 暫存器裡頭放置了阿花的結婚年齡 18，因此兩個相加起來之後的年齡 43 則會是放在 CX 暫存器裡頭去：

以上純屬講個基本概念而已，實際運作則是要以實際運作為主。

AX

25

BX

18

CX

43

⚙ 圖 2-7-2

　　基本上，我一直把政府執行員給描繪為 CPU，但其實這是一個非常不好的比喻，因為這很容易跟我們之後所要講的執行緒來相混淆，因為我把政府執行員給比喻成人，而後面我也會把執行緒也比喻成人，既然都是人，那為什麼一個是 CPU 而另一個是執行緒？

　　沒辦法，因為電腦實在是太抽象了，所以我是迫不得已才把政府執行員給描繪成 CPU，在此，由於我們學了上面的內容之後，讓我們來改變一下我們的想法，請各位把 CPU 給轉換成人類的大腦，在此以大腦來替換政府執行員這個概念，這樣想各位會比較貼近於真實電腦的基本構造。

　　原則上一顆 CPU 會有以上的四種基本構造，但這只是基本而已，其實 CPU 的構造和運作原理沒那麼簡單，由於現在只是在講個基本概念而已，所以各位也暫時先不要想那麼多。

2-8　再論中斷

　　在前面，我們對中斷這個概念已經稍微地講解了一下，現在，我們要來講的是對中斷稍微深一點的觀念。

　　各位在前面都已經看到了，中斷就好比你日常生活中打擾的觀念，例如說你現在正在寫功課，寫到一半，你老媽叫你等一下，作業先暫停，並要你去幫她買包菜回來，這時候你會怎麼做？

　　答案很簡單，你會把你目前寫到一半的作業給放著，並且在作業上做個記號，就像看書時夾書籤的意思一樣，做完記號後，你就出門幫你媽買包菜回來，到家後，你就回到桌子上，找找臨行前你所做的記號，找到記號後作業就繼續寫下去，像這種，就是中斷的基本概念。

　　電腦裡頭的中斷跟前面以及上面所講過的中斷，其過程很像，只是電腦比較複雜而已，但原理一樣，例如說我們前面所看到的表，要是把行數給改成編號的話就是：

結婚申請書		
香蕉市政府	市長：王芭樂	申請日期：2020/11/10
內文		
0000：0000	大明今年 25 歲	備註：男方姓名
0000：0001	阿花今年 18 歲	備註：女方姓名
0000：0002	請把大明和阿花的年紀給相加起來	備註：合計兩人的總年齡
0000：0003	大明和阿花要結婚	備註：事由
0000：0004	婚禮要辦在離香蕉市政府外 100 公里處的大教堂	備註：舉辦地點

⋔ 表 2-8-1

假如政府執行員從編號 0000：0000 也就是「大明今年 25 歲」的地方來開始讀起，並且讀到編號 0000：0002 的時候，此時突然間發生中斷，中斷原因很多，例如說婚禮被新郎的前女友給打斷等，這時候的政府執行員就會把編號 0000：0002 給丟進堆疊裡頭去，接著參考婚禮中止表：

婚禮中止表		
中止編號	中止原因	解決編號
0	新郎爸爸反對	
1	新郎媽媽反對	
2	新娘爸爸反對	0000 0000
3	新娘媽媽反對	
4	**新郎前女友反對**	
5	新郎前男友反對	
6	新娘前女友反對	**0000 0001**
7	新娘前男友反對	
8	婚禮突然下起狂風暴雨	0000 0002
9	有人搶婚	0000 0003

⋔ 表 2-8-2

這時候政府執行員從婚禮中止表當中找到了編號 4 號以及所對應的解決編號之後，就會用指標來指向編號 4：0000 0001 的解決方法：

解決方法表	
解決方法表編號	解決方法
0：0000 0000	
1：0000 0000	說服對方
2：0000 0000	
3：0000 0000	
4：0000 0001	
5：0000 0001	抄傢伙
6：0000 0001	
7：0000 0001	
8：0000 0002	換場地
9：0000 0003	把人搶回來

◑ 表 2-8-3

接著就立刻**抄傢伙**去教堂，而當政府執行員**抄了傢伙**把事情給解決了之後，堆疊當中的編號 0000：0002 就會被取出來，於是政府執行員就繼續從編號 0000：0002 的地方來執行他的工作，一直到他把編號 0000：0004 的內容給讀完並執行完為止。

在中斷的整個過程中，CPU 會把當前的記憶體位址也就是上面的編號 0000：0002 給丟入堆疊當中，接著查詢中斷向量表，並從中斷向量表當中的指標來找出中斷服務常式，當中斷服務常式解決完了中斷問題之後，堆疊中的記憶體位址就會被彈出來，接著 CPU 就從彈出來的記憶體位址來繼續執行後面的程式。

最後，我們用個圖來說明一下中斷向量表與中斷服務常式之間的關係：

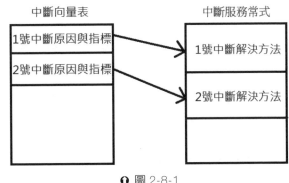

◑ 圖 2-8-1

各位請注意，中斷服務常式位於記憶體之內，由於指標裡頭所放的數據就是記憶體位址，因此，指標會指向中斷服務常式所處的記憶體位址，而使用指標來找中斷服務常式，其方法簡單又方便，重點是又不會出錯，所以這也是為什麼指標在整個作業系統當中所扮演的角色是如此地重要，因此如果各位想要學習作業系統，就必須得真正地了解指標。

2-9　中斷與 IO 的關係

各位學習了前面的內容之後不知道有沒有發現到一點，那就是我們的政府執行員看起來好像很累的樣子，因為他除了得待在辦公室裡頭閱讀那張結婚申請書，並且在閱讀完畢之後蓋章核准，而蓋完章之後還得請人把結果送往 100 公里處的大教堂去執行，接著我們的政府執行員不是繼續看別對新人的結婚申請書，就是沒事幹閒著發呆，當然啦！在這之中婚禮如果能夠順利完成是最好，但好死不好，偏偏就是發生了像中斷這種鳥事。

各位有沒有發現到一件事情，政府執行員在閱讀和處理結婚申請書的速度其實是非常快速的，因為他只用眼睛瞄，接著蓋個章核准就可以了，但遠在 100 公里外的大教堂可就不是這樣了，在大教堂裡頭舉行婚禮，那可是耗時又費力，必要時如果還出現了像前女友或前男友來鬧場的話，那這時候婚禮便會發生中斷，接著請政府執行員出來喬事情，也就是說，政府執行員的做事速度快，而遠方的大教堂在舉辦婚禮時的速度慢，這就造成了彼此之間不協調的現象。

對此，我們可以用兩種方法來解決事情，以下純粹是假設：

1. 當前女友或前男友來鬧場時，政府執行員首先會停止手上的全部事情，接著全力支援遠方 100 公里外的大教堂，並且政府執行員本身會放慢處理事情的速度，而當前女友或前男友來鬧場的事情全部處理完畢之後，政府執行員就回復他原來處理事情的速度，像這種方式，我們就稱之為同步 I/O 中斷。

2. 當前女友或前男友來鬧場時，政府執行員不會因為遠在 100 公里外的大教堂出了事情而放下原先對於事情的處理，而是派出專門處理這種事情的黑衣人，抄了傢伙去大教堂處理，政府執行員仍做他的其他工作，直

到黑衣人回報事情處理完畢時，再來處理接下來的工作。而這種方式，就稱之為非同步 I/O 中斷。

讓我們回到電腦，I/O 中斷也可以分成兩種，分別是：

1. 同步中斷：CPU 此時會全力支援 I/O，方法是暫停當下的所有工作，並且參考此時 I/O 的速率，接著調整本身的執行速率（一般來說是放慢），然後當 I/O 全部支援完畢之後，CPU 便會把原先放慢的速度給調回至原先處理事情的速度。

2. 非同步中斷：是由外部裝置引起的，如 I/O 中斷、時鐘中斷等是非同步產生的，也就是說，它的產生時刻是無法確定，且與 CPU 的執行無關。

2-10 分時的概念

假設現在我們的政府執行員要去巡查 ABCDE 等五間公司，但出於某些因素，政府執行員對 ABCDE 這五間公司說：

我這次有三個小時來巡察你們這五間公司，但每一間公司我只花 12 分鐘來看，12 分鐘一過，不管我有沒有看完，我一定會停止巡查，之後我就會去巡查下一間公司，要是剛剛被我檢查過的公司沒有檢查完畢的話，那這間公司就得重新排隊等下次再讓我繼續檢查，直到我全部檢查完畢為止。

像這種把政府執行員的時間給切割的情況，我們就稱之為分時。

分時這種技巧可以用在作業系統的設計上，所以在大型電腦系統當中，就有所謂的分時系統，分時系統是以 CPU 的工作時間為單位，並且把這個工作時間給切割出來，平均地分給其他的程式來執行，一個時間執行一項工作，時間完了之後就退出，剩餘的行程就得在佇列中重新排隊，等待 CPU 下次執行，但缺點是必須得考慮替換現象，而這種替換現象無形中造成了時間上的浪費。

2-11 電腦的儲存裝置與設備

在前面，我們曾經對電腦的儲存裝置已經大略地提了一下，那就是：

1. 記憶體

2. 暫存器

3. 快取

這三個儲存裝置，這三個儲存裝置在電腦裡頭非常重要，各位請看下圖，下圖是記憶體：

● 圖 2-11-1

這是由金士頓公司所上市的記憶體，容量為 8GB，一般來說，你只要拆開你桌上型電腦的外殼之後，就會在主機板上看到記憶體這種裝置。

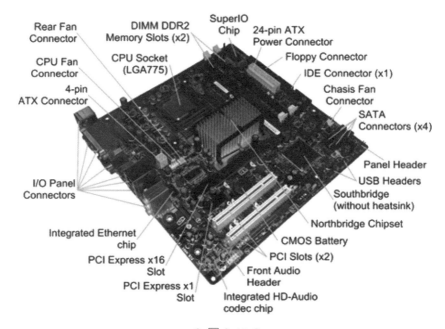

● 圖 2-11-2

　　注意！上圖是主機板的示意圖，上面沒有插上記憶體，所以只要把記憶體給插入主機板上的插槽去之後，就等於給電腦裝上了記憶體，此時的電腦就有了基本的儲存裝置，情況如下圖所示：

⋂ 圖 2-11-3

　　至於 CPU 裡頭的暫存器那個我們是看不到的，只能從簡圖上來想像：

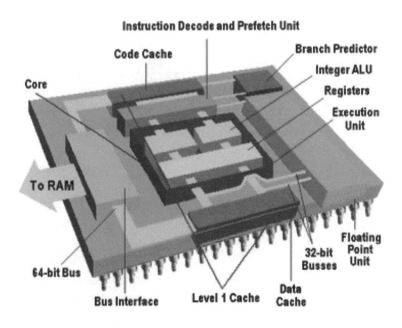

⋂ 圖 2-11-4

上圖中，Register 就是暫存器，而快取則是 Cache。

以上就是電腦裡頭對於儲存裝置的基本配備，當然啦！由於記憶體的容量非常有限，因此，記憶體的容量絕對是不夠用的，再加上有的記憶體在關機之後，所有資料就全都不見了，因此，後來的人為了解決這個問題，早期便發明了磁帶：

♠ 圖 2-11-5

磁片：

♠ 圖 2-11-6

以及到後來的硬碟：

♠ 圖 2-11-7

與光碟：

♠ 圖 2-11-8

等這些儲存裝置與儲存設備，而這些東西是用來輔助記憶體來儲存資料，當然也包括你的片片啦！這也是為什麼當你把你的片片給儲存在硬碟裡，當你關機之後再重新開機之時，此時你的片片還是依然會存在於你的硬碟裡頭，原因就是這樣。

資料引用出處

https://www.momoshop.com.tw/goods/GoodsDetail.jsp?i_code=5871920

https://zh.wikipedia.org/zh-tw/%E4%B8%BB%E6%9D%BF#/media/File:Intel_D945GCCR_Socket_775.png

http://www.winwin7.com/JC/10392.html

https://news.mydrivers.com/1/610/610913.htm

https://cristophie.blogspot.com/2016/09/cpu.html

https://zh.wikipedia.org/zh-tw/%E7%A3%81%E5%B8%A6

https://zh.wikipedia.org/zh-tw/%E8%BD%AF%E7%9B%98

https://zh.wikipedia.org/zh-tw/%E7%A1%AC%E7%9B%98

https://zh.wikipedia.org/zh-tw/%E5%85%89%E7%A2%9F

2-12 語言的轉換

請各位把記憶給拉回到表格：

結婚申請書		
香蕉市政府	市長：王芭樂	申請日期：2020/11/10
內文		
第一行	大明今年 25 歲	備註：男方姓名
第二行	阿花今年 18 歲	備註：女方姓名
第三行	大明和阿花要結婚	備註：事由
第四行	婚禮要辦在離香蕉市政府外 100 公里處的大教堂	備註：舉辦地點

⊙ 表 2-12-1

在表格當中，最重要的就是那四行內文：

第一行	大明今年 25 歲
第二行	阿花今年 18 歲
第三行	大明和阿花要結婚
第四行	婚禮要辦在離香蕉市政府外 100 公里處的大教堂

♪ 表 2-12-2

　　我們一直都假設，我們的政府執行員是一位看得懂繁體中文的人，所以他只要拿到上表之後，一定也看得懂這張表格裡頭的所有文字，當然也包括上面的那四行內容，但好死不好，這只是一個假設而已，我們的政府執行員其實是一位外星人，不但如此，而且還是一位非常難搞的火星人，因此你無法直接用繁體中文來跟他溝通，而是得先把繁體中文給翻譯成水星文，之後再把水星文給翻譯成火星文，例如說：

行數	繁體中文	水星文	火星文	備註
第一行	大明今年 25 歲	AABBAAA	@^@@^%%%	男方姓名

♪ 表 2-12-3

　　關於上面的表格不知道各位看得懂不懂？上表的意思是說：

1. 用繁體中文寫「大明今年 25 歲」這句話就等於用水星文寫「AABBAAA」

2. 用水星文寫「AABBAAA」這句話就等於用火星文寫「@^@@^%%%」

3. 所以，同樣一句話「大明今年 25 歲」的水星文就是「AABBAAA」，至於火星文則是「@^@@^%%%」

因此，我們可以得到這樣一個等式：

「大明今年 25 歲」=「AABBAAA」=「@^@@^%%%」

三種不同的語言，但卻都是在描述同一件事情。

讓我們回到電腦，要是把上表的內容給稍微地修改一下：

行數	程式語言（C 語言）	組合語言	機械語言	備註
第一行	int number1=10	dword ptr [ebp-8],0Ah	C7 45 F8 0A 00 00 00	把數字 10 給放進 number1 裡頭去

♪ 表 2-12-4

在上表中，程式語言「int number1=10」等價於組合語言「dword ptr [ebp-8],0Ah」，而組合語言「dword ptr [ebp-8],0Ah」又等價於機械語言「C7 45 F8 0A 00 00 00」，上面雖然用了三種不同的語言，但全都在描述同一件事情，這情況就跟我們剛剛用繁體中文、水星文以及火星文來描述「大明今年 25 歲」這件事情的原理完全一模一樣，只是現在不是用繁體中文、水星文以及火星文，而是用程式語言（C 語言）、組合語言以及機械語言等來描述。

對我們的政府執行員而言，其實他根本就看不懂繁體中文與水星文，他只看得懂火星文而已，所以當用繁體中文所寫的表格：

結婚申請書		
香蕉市政府	市長：王芭樂	申請日期：2020/11/10
內文		
第一行	大明今年 25 歲	備註：男方姓名
第二行	阿花今年 18 歲	備註：女方姓名
第三行	大明和阿花要結婚	備註：事由
第四行	婚禮要辦在離香蕉市政府外 100 公里處的大教堂	備註：舉辦地點

↻ 表 2-12-5

被丟進籃子裡頭去之前，表格中的繁體中文首先會被翻譯成水星文，接下來再把水星文給翻譯成火星文，最後讓我們的政府執行員來閱讀表格。

同樣道理，我們的 CPU 其實它根本就看不懂程式語言（C 語言）與組合語言，它只看得懂機械語言而已，所以當程式（例如上面所舉例的 C 語言）被寫完之後，C 語言首先會被編譯成組合語言，再由組合語言翻譯成機械語言，而我們的 CPU 就閱讀機械語言，並且藉由讀取機械語言來運行程式啦！

2-13　資料類型與放置在記憶體之內的機械語言

本節，我們要講解在籃子（也就是記憶體）裡頭來放置數字（或數據等）的情況。

我們的籃子長這樣：

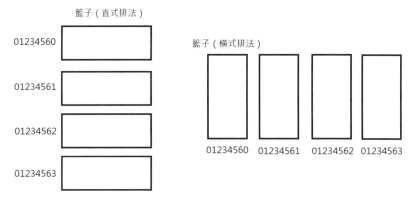

∩ 圖 2-13-1

有直式也有橫式，至於你喜歡哪種排法，那就隨你喜愛，在我個人的經驗裡頭，橫式直式我全都看過，也都有人使用過，因此就看個人喜好哪一種排法，而籃子數量的部分，至少 1 個起跳，且單位是 1 個 Byte，如果有 2 個籃子，那就是 2 個 Bytes，餘後類推，讓我們用個表格來整理一下：

籃子數目	寫法	別稱
1	1 個 Byte	Byte
2	2 個 Bytes	word
4	4 個 Bytes	dword

∩ 表 2-13-1

剛剛我們說到了，我們可以把數字給放進籃子裡頭去，如果只用到一個籃子，並且在裡頭放置 5 塊錢的話那就是這樣：

∩ 圖 2-13-2

如果是兩個籃子的話則是這樣：

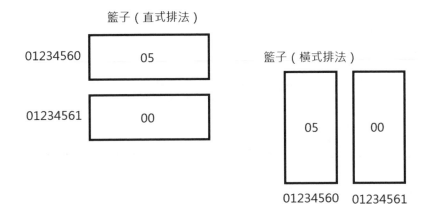

🎧 圖 2-13-3

如果是四個的話則是這樣：

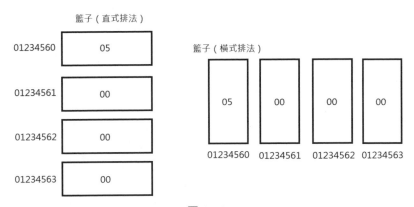

🎧 圖 2-13-4

　　總之，不管籃子本身是直式還是橫式，籃子的編號一定是 01234560，並且放置數字時，一定都是從編號最小的地方來開始放起，多餘的部分則是補上00。（以上是以小端序為例子，大端序則遵從大端序排法）。

　　以上是把 5 塊錢給放進籃子也就是記憶體裡頭去的情況，現在，我們要回到前面，在前面我們曾經說過了機械語言：

行數	程式語言（C 語言）	組合語言	機械語言	備註
第一行	int number1=10	dword ptr [ebp-8],0Ah	C7 45 F8 0A 00 00 00	把數字 10 給放進 number1 裡頭去

🎧 表 2-13-2

　　而我們表格裡頭的程式會經過一連串的翻譯或轉換，最後轉變成了機械語言，而這機械語言則是會被放進記憶體（也就是籃子）當中，接著讓 CPU（也就是政府執行員去執行），那現在問題來了，以上表為例，機械語言「C7 45 F8 0A 00 00 00」在記憶體之內的排法是怎樣的呢？

　　答案就跟剛剛放的 5 塊錢一樣，讓我們來圖解：

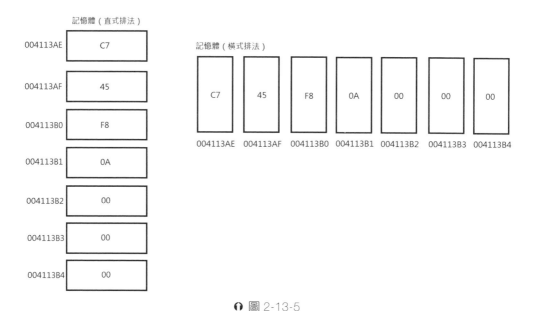

🎧 圖 2-13-5

　　注意，圖中的編號 004113AE~004113B4 等編號全都是記憶體位址

　　所以這就是機械語言被放入記憶體之時的情況，CPU 則是會尋找記憶體位址，並且把記憶體位址當中所放置的機械語言給取出來，之後拿回 CPU 內部來執行，執行完之後看情況如何，有可能把執行後的結果給丟回記憶體當中來覆蓋原有的數據（例如前面說過的金魚吃金魚的故事），又或者是執行 I/O 等，至於實際執行什麼，那就看程式設計師對於程式的設計而有最後的結果。

2-14 現代電腦的基本構造

　　在講解這個主題之前，請各位先注意一下，本小節的內容並不一定會對應到真實的電腦系統，只是純粹講個基本概念而已，知道之後就讓我們先來看一段小故事。

畜生：他媽的真是個無聊的下午

秋聲：無聊是不會去發明出什麼東西出來嗎？

畜生：聽你這麼說，我突然間想到一個好點子

秋聲：你的好點子一定都不是什麼好東西，簡單來說全都是鬼點子

畜生：別這樣說，我想來製造一台機器，而這台機器可以幫我把數字 1 和數字 2 這兩個數字給相加起來

秋聲：喔不錯嘛！任爸就知道你的腦子還算是有點用，看來還不是個只會吃飯的米蟲而已

說著說著，畜生就準備了幾樣工具，並組裝如下圖所示的機器：

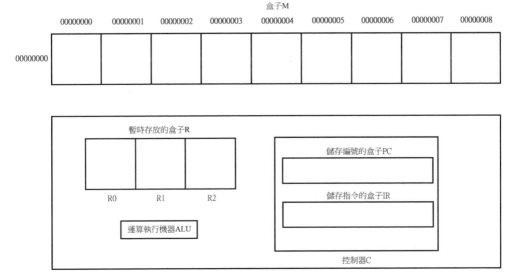

🎧 圖 2-14-1

　　圖中的上面有一個盒子 M，盒子 M 一共被分成 9 個小盒子，而這 9 個小盒子都分別地被上了編號，例如最左邊的小盒子，其編號為 00000000，而在它右邊的小盒子，其編號則是 00000001，一直往右邊數盒子的編號數目就會一直加 1，以此類推，所以我們總共會編到 9 個小盒子。

　　而在上圖中的下面有個暫時存放的盒子 R，暫時存放的盒子 R 一共被分成 3 個小盒子，而這 3 個小盒子都分別地上了編號，例如最左邊的小盒子，其編號為 R0，而在它右邊的小盒子，其編號則是 R1，一直往右邊數盒子的編號數目就會一直加 1，以此類推，所以我們總共會編到 3 個小盒子。

當然還有「運算執行機器 ALU」以及「控制器 C」，其中：運算執行機器 ALU 的工作是負責執行加法運算，例如說把數字 1 和數字 2 給相加起來。

控制器 C 的工作是負責找尋盒子 M 的編號，並且把盒子 M 的編號和編號裡頭的指令給分別地放進「儲存編號的盒子 PC」以及「儲存指令的盒子 IR」裡頭去，並且讓「儲存編號的盒子 PC」的編號給加 1，接著控制器在解讀指令之後，就會命令運算執行機器 ALU 把數字 1 和數字 2 給相加起來。

以上就是現代電腦的基本構造，當然，也許內容還不是很完備，但沒關係，我們只要先知道一個簡單的基本概論就可以了，下一節，我們要來看的是，本節所講的現代電腦基本構造是如何來執行加法運算。

2-15 現代電腦運作的基本原理 - 以加法為例

上一節，我們講了現代電腦的基本構造，並且大概地講了一下其運作原理，在本節，我們要延續上一節所講過的內容，從基本構造為出發點，來講解數字 1 和數字 2 的加法過程是如何在電腦裡頭被實現出來的，以下就是：

1. 預備

盒子 M

00000000	00000001	00000002	00000003	00000004	00000005	00000006	00000007	00000008
00000000	把00000006裡面的數字給放進R0中	把00000007裡面的數字給放進R1中	把R0和R1裡面的數字給相加起來，並把結果放入R3中	把R3內的數字給放入00000008當中	執行結束		1	2	

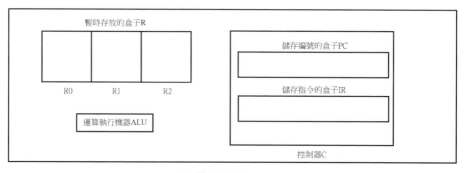

♫ 圖 2-15-1

2. 控制器 C 內的 PC 放了盒子的編號 00000000，此時 PC 指向盒子 M00000000：

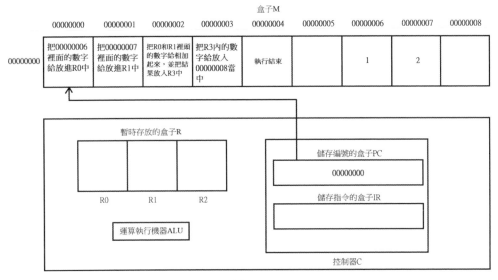

● 圖 2-15-2

3. 這時候，盒子 M 裡頭的指令傳回控制器 C 當中的 IR 之內：

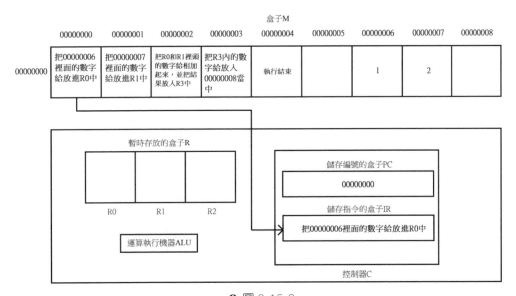

● 圖 2-15-3

4. 控制器 C 當中的 PC 值 00000000+1=00000001：

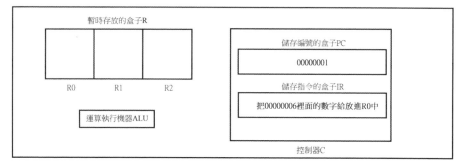

🎧 圖 2-15-4

5. 控制器 C 對 IR 內的指令來進行解讀，並產生 R0 ← M00000006：

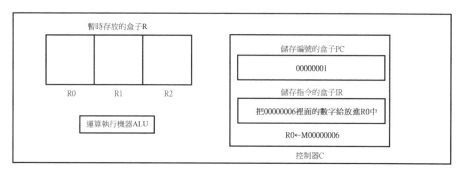

🎧 圖 2-15-5

其中，R0 ← M00000006 的意思就是把盒子編號 00000006 裡頭的數字 1 給丟進 R0。

6. 控制器 C 解讀完指令之後，盒子編號 00000006 裡頭的數字 1 會被放進 R0 當中：

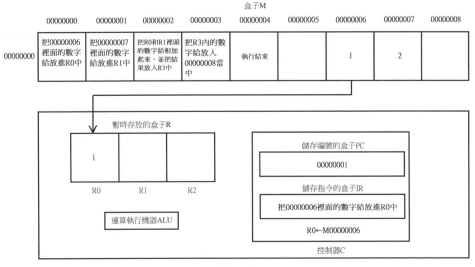

⋔ 圖 2-15-6

盒子編號 00000006 裡頭的數字 1 會被「放進」R0 當中，這裡的放進，其實是指「複製進」。以上是第一個週期，接下來讓我們繼續看下去。

7. 控制器 C 內的 PC 放了盒子的編號 00000001，此時 PC 指向盒子 M00000001：

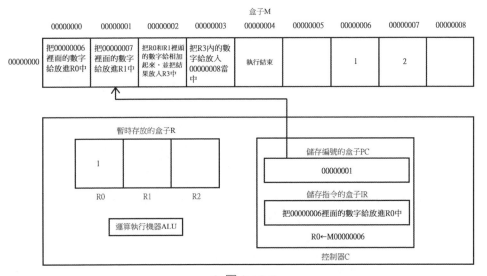

⋔ 圖 2-15-7

8. 這時候,盒子 M 裡頭的指令傳回控制器 C 當中的 IR 之內:

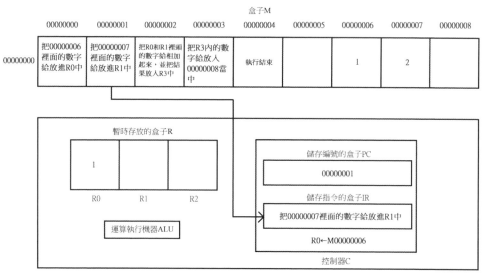

♪ 圖 2-15-8

9. 控制器 C 當中的 PC 值 00000001+1=00000002:

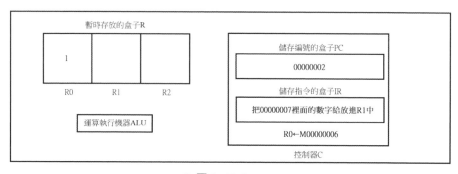

♪ 圖 2-15-9

10. 控制器 C 對 IR 內的指令來進行解讀，並產生 R1 ← M00000007：

盒子-M

	00000000	00000001	00000002	00000003	00000004	00000005	00000006	00000007	00000008
00000000	把00000006裡面的數字給放進R0中	把00000007裡面的數字給放進R1中	把R0和IR1裡頭的數字給相加起來，並把結果放入R3中	把R3內的數字給放入00000008當中	執行結束		1	2	

暫時存放的盒子R

1		
R0	R1	R2

運算執行機器ALU

儲存編號的盒子PC

00000002

儲存指令的盒子IR

把00000007裡面的數字給放進R1中

R1←M00000007

控制器C

∩ 圖 2-15-10

11. 控制器 C 解讀完指令之後，盒子編號 00000007 裡頭的數字 2 會被放進 R1 當中：

盒子-M

	00000000	00000001	00000002	00000003	00000004	00000005	00000006	00000007	00000008
00000000	把00000006裡面的數字給放進R0中	把00000007裡面的數字給放進R1中	把R0和IR1裡頭的數字給相加起來，並把結果放入R3中	把R3內的數字給放入00000008當中	執行結束		1	2	

暫時存放的盒子R

1	2	
R0	R1	R2

運算執行機器ALU

儲存編號的盒子PC

00000002

儲存指令的盒子IR

把00000007裡面的數字給放進R1中

R1←M00000007

控制器C

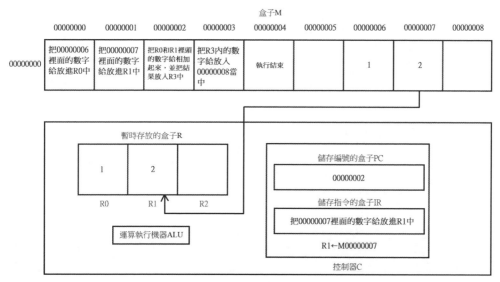

∩ 圖 2-15-11

以上是第二個週期，接下來讓我們繼續看下去。

12. 控制器 C 內的 PC 放了盒子的編號 00000002，此時 PC 指向盒子 M00000002：

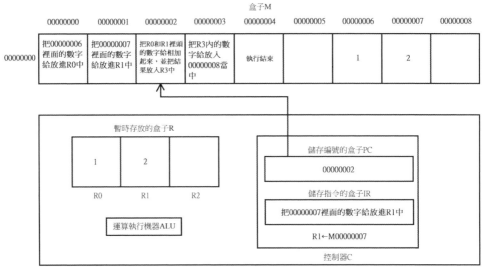

🎧 圖 2-15-12

13. 這時候，盒子 M 裡頭的指令傳回控制器 C 當中的 IR 之內：

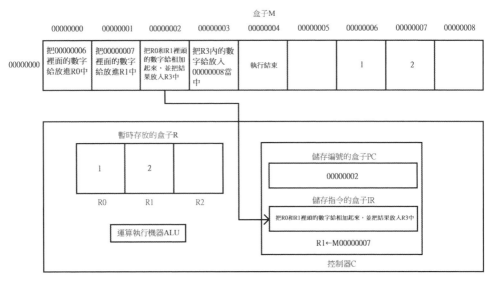

🎧 圖 2-15-13

14. 控制器 C 當中的 PC 值 00000002+1=00000003：

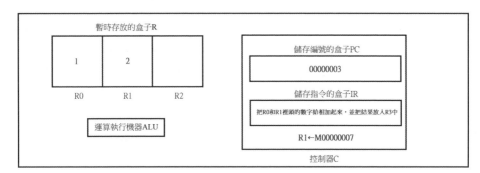

盒子M

	00000000	00000001	00000002	00000003	00000004	00000005	00000006	00000007	00000008
00000000	把00000006裡面的數字給放進R0中	把00000007裡面的數字給放進R1中	把R0和R1裡頭的數字給相加起來，並把結果放入R3中	把R3內的數字給放入00000008當中	執行結束		1	2	

暫時存放的盒子R

1	2	
R0	R1	R2

運算執行機器ALU

儲存編號的盒子PC

00000003

儲存指令的盒子IR

把R0和R1裡頭的數字給相加起來，並把結果放入R3中

R1←M00000007

控制器C

♪ 圖 2-15-14

15. 控制器 C 對 IR 內的指令來進行解讀，並產生 R2 ← R0+R1：

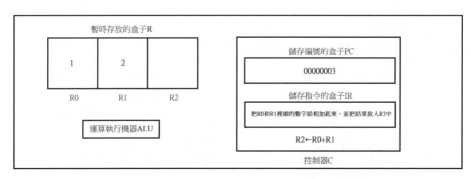

盒子M

	00000000	00000001	00000002	00000003	00000004	00000005	00000006	00000007	00000008
00000000	把00000006裡面的數字給放進R0中	把00000007裡面的數字給放進R1中	把R0和R1裡頭的數字給相加起來，並把結果放入R3中	把R3內的數字給放入00000008當中	執行結束		1	2	

暫時存放的盒子R

1	2	
R0	R1	R2

運算執行機器ALU

儲存編號的盒子PC

00000003

儲存指令的盒子IR

把R0和R1裡頭的數字給相加起來，並把結果放入R3中

R2←R0+R1

控制器C

♪ 圖 2-15-15

16. 控制器 C 解讀完指令之後，會告訴運算執行機器 ALU 把 R0 當中的數字 1 和 R1 當中的數字 2 給相加起來，並且把結果 3 給放進 R2 當中：

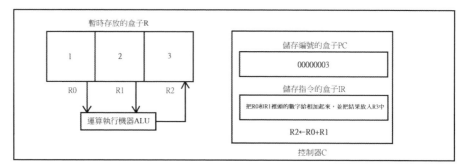

● 圖 2-15-16

以上是第三個週期，接下來讓我們繼續看下去。

17. 控制器 C 內的 PC 放了盒子的編號 00000003，此時 PC 指向盒子 M00000003：

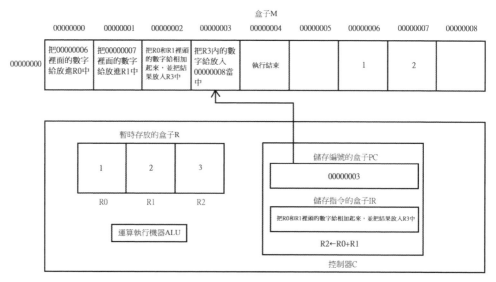

● 圖 2-15-17

18. 這時候，盒子 M 裡頭的指令傳回控制器 C 當中的 IR 之內：

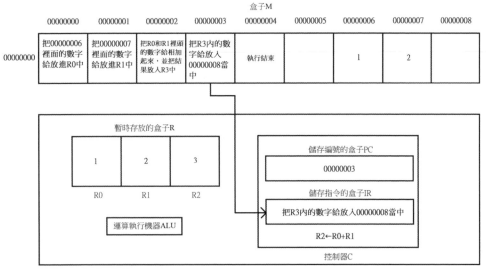

盒子M

00000000	00000001	00000002	00000003	00000004	00000005	00000006	00000007	00000008
把00000006裡面的數字給放進R0中	把00000007裡面的數字給放進R1中	把R0和IR1裡頭的數字給相加起來，並把結果放入R3中	把R3內的數字給放入00000008當中	執行結束		1	2	

暫時存放的盒子R

1	2	3
R0	R1	R2

運算執行機器ALU

儲存編號的盒子PC

00000003

儲存指令的盒子IR

把R3內的數字給放入00000008當中

R2←R0+R1

控制器C

🔈 圖 2-15-18

19. 控制器 C 當中的 PC 值 00000003+1=00000004：

盒子M

00000000	00000001	00000002	00000003	00000004	00000005	00000006	00000007	00000008
把00000006裡面的數字給放進R0中	把00000007裡面的數字給放進R1中	把R0和IR1裡頭的數字給相加起來，並把結果放入R3中	把R3內的數字給放入00000008當中	執行結束		1	2	

暫時存放的盒子R

1	2	3
R0	R1	R2

運算執行機器ALU

儲存編號的盒子PC

00000004

儲存指令的盒子IR

把R3內的數字給放入00000008當中

R2←R0+R1

控制器C

🔈 圖 2-15-19

20. 控制器 C 對 IR 內的指令來進行解讀，並產生 M00000008 ← R2：

盒子M

	00000000	00000001	00000002	00000003	00000004	00000005	00000006	00000007	00000008
00000000	把00000006裡面的數字給放進R0中	把00000007裡面的數字給放進R1中	把R0和R1裡頭的數字給相加起來，並把結果放入R3中	把R3內的數字給放入00000008當中	執行結束		1	2	

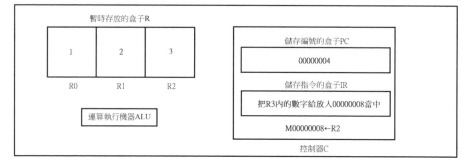

暫時存放的盒子R

1	2	3
R0	R1	R2

運算執行機器ALU

儲存編號的盒子PC

00000004

儲存指令的盒子IR

把R3內的數字給放入00000008當中

M00000008←R2

控制器C

♪ 圖 2-15-20

21. 控制器 C 解讀完指令之後，R2 當中的數字 3 會被丟進盒子 M 編號 00000008 當中：

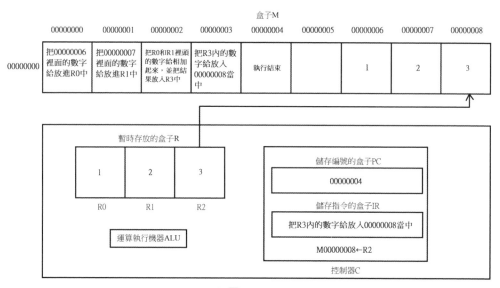

盒子M

	00000000	00000001	00000002	00000003	00000004	00000005	00000006	00000007	00000008
00000000	把00000006裡面的數字給放進R0中	把00000007裡面的數字給放進R1中	把R0和R1裡頭的數字給相加起來，並把結果放入R3中	把R3內的數字給放入00000008當中	執行結束		1	2	3

暫時存放的盒子R

1	2	3
R0	R1	R2

運算執行機器ALU

儲存編號的盒子PC

00000004

儲存指令的盒子IR

把R3內的數字給放入00000008當中

M00000008←R2

控制器C

♪ 圖 2-15-21

以上是第四個週期，接下來讓我們繼續看下去。

22. 控制器 C 內的 PC 放了盒子的編號 00000004，此時 PC 指向盒子
    M00000004：

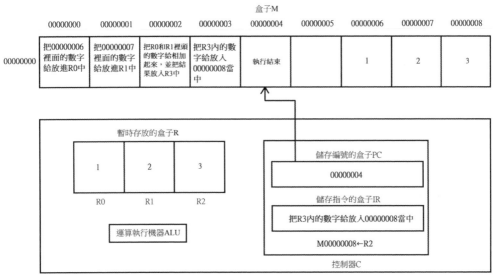

● 圖 2-15-22

23. 這時候，盒子 M 裡頭的指令傳回控制器 C 當中的 IR 之內：

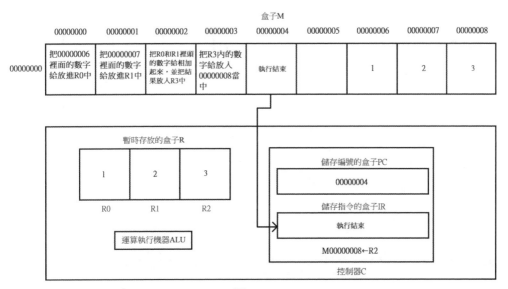

● 圖 2-15-23

24. 控制器 C 當中的 PC 值 00000004+1=00000005：

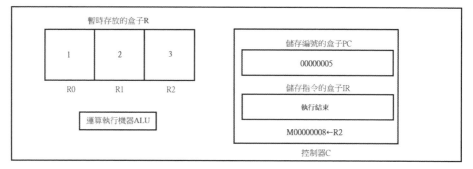

	盒子M							
	00000000	00000001	00000002	00000003	00000004	00000005	00000006	00000007	00000008
00000000	把00000006裡面的數字給放進R0中	把00000007裡面的數字給放進R1中	把R0和R1裡頭的數字給加起來，並把結果放入R3中	把R3內的數字給放入00000008當中	執行結束		1	2	3

暫時存放的盒子R

1	2	3
R0	R1	R2

運算執行機器ALU

儲存編號的盒子PC

00000005

儲存指令的盒子IR

執行結束

M00000008←R2

控制器C

🎧 圖 2-15-24

25. 控制器 C 對 IR 內的指令來進行解讀，並產生 00000000 也就是結束指令：

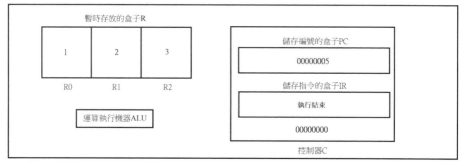

	盒子M							
	00000000	00000001	00000002	00000003	00000004	00000005	00000006	00000007	00000008
00000000	把00000006裡面的數字給放進R0中	把00000007裡面的數字給放進R1中	把R0和R1裡頭的數字給加起來，並把結果放入R3中	把R3內的數字給放入00000008當中	執行結束		1	2	3

暫時存放的盒子R

1	2	3
R0	R1	R2

運算執行機器ALU

儲存編號的盒子PC

00000005

儲存指令的盒子IR

執行結束

00000000

控制器C

🎧 圖 2-15-25

注意，此處的指令「執行結束」對應到「指令」00000000，而不是「編號」00000000，也就是說，同樣都是 00000000，如果它是以 12345 等等那樣子的數字來解釋，那就以一般的數字來操作；但如果是編號，那就以編號的形式來操作；又如果是「指令」，那就以指令的形式來操作。

26. 控制器 C 解讀完指令之後，會讓程式整個停止，至此，加法運算全部結束。

　　各位應該可以看到，電腦的運作原理其實很簡單，就是找編號→取出編號裡頭的指令→接著執行，然後一直重複這種過程，直到全部運作結束為止，所以你也可以說其實電腦是一種很呆版的機器。

　　好了，以上就是現代電腦的運作原理，了解了本節之後，就等於了解了電腦核心的運作方式，同時也可以貫通本書的關鍵重點。

2-16　名詞轉換

　　在前面，咱們講過了一台由自己所設計出來的現代電腦的內部構造以及其運作原理，那時候我用的講述方式比較簡單，就是一種偏向於生活化的解說，這種解說是給對電腦頭痛的學習者們無痛學習使用的，但話雖如此，各位不可能一直只知道盒子，可以的話，還是要知道一點專業術語，這樣一來，各位才能夠以本書為跳板，未來才能更進一步地去閱讀更深入的專業書籍。

讓我們回到這張圖：

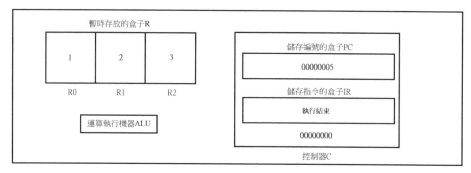

🎧 圖 2-16-1

現在，我們要把上圖當中一些像是盒子 M 等等的生活名詞給替換成專有名詞：

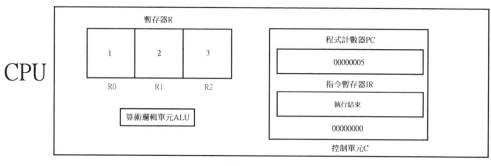

🎧 圖 2-16-2

讓我們用個表格來歸納一下：

生活名詞	專有名詞
盒子 M	記憶體
編號	記憶體位址
暫時存放的盒子 R	暫存器
儲存編號的盒子 PC	程式計數器 PC
儲存指令的盒子 IR	指令暫存器 IR
控制器 C	控制單元 C

⋒ 表 2-16-1

其中：

1. 編號 00000000、00000001、00000002 等等就是記憶體位址

2. 圖中下半部分是 CPU，CPU 內含暫存器 R、算術邏輯單元 ALU 以及控制單元 C

　　最後我要說明的是，以上所做的圖都已經做過簡化，隨著後面的章節或者是未來電腦的設計，或許電腦的基本構造與運行原理會有所更動也說不定，屆時我們會視情況而有所調整。

Note

Chapter 03

作業系統的基本架構

3-1 概論

　　前面的課程只是個暖身運動而已，從現在開始，我們即將慢慢地進入作業系統的基本核心概念。在前面，我曾經將作業系統給比喻成政府，各位都知道，政府有大有小，但基本結構卻一定都有，例如說總統府、立法院、行政院…而下面又有其他像是國防部、經濟部、財政部…而在其下面又會有其他的部會局處，例如像是最近很紅的農田水利會等等，這些規劃與設計都有其功能性上的目的，並且還帶有層次，有的甚至還牽涉到權限等問題，像是某些給總統府的機密公文，農田水利會的人員就可能無法讀取，而這些全都是管理國家所要設計出來的制度與方法，但不管怎麼設計，其基本構造也一定會有，當然啦！由於每個國家的國情不同，所以政府組織也自然不會相同，但大體上來說都是大同小異。

　　我們的作業系統也是一樣，作業系統本身是一個既複雜而且又龐大的軟體，但話雖如此，我們還是可以依循著幾個簡單的脈絡，來掌握作業系統的重要骨幹，就像政府機關一樣，就算沒有其他小部會，但也一定會有像是行政院等等這些重要的機關或組織，以下就是：

1. 行程管理

2. 記憶體管理

3. I/O 管理

　　以上三個是作業系統當中，最重要的三項管理，而下面的管理，則是比較次要：

1. 保護管理

2. 指令解釋管理

　　當然啦！以上純粹是我個人的主觀見解，如果你覺得上面的重要性在次序上可以更改，那也可以更改，畢竟主觀見解因人而異，只要你自己覺得合適即可，不需要花時間來跟我辯論。

　　以上純粹只是個簡單概要，其實還有的人也會把網路管理也算進去，甚至還會把記憶體給分類，並且另行管理，像我們之前所學過的，把記憶裝置給分成記憶體（唯讀記憶體除外）還有輔助記憶體（磁碟等），這些也都是作業系統所要管理的對象與範圍，當然想要加上這些管理也可以，如果你認為有需要的話。

接下來，我會針對上面的幾個項目來大致說明一下原理，考慮到本課程希望可以大眾化，因此，我會先以小朋友的立場為出發點，盡量用簡單好懂的方式來介紹，等這些都介紹完畢之後，接下來會以專門章節的方式來對已經討論過的內容再來逐一地深入介紹。

3-2 行程管理概說

在講解行程之前，讓我們再次地回到結婚申請書：

結婚申請書		
香蕉市政府	市長：王芭樂	申請日期：2020/11/10
內文		
第一行	大明今年 25 歲	備註：男方姓名
第二行	阿花今年 18 歲	備註：女方姓名
第三行	大明和阿花要結婚	備註：事由
第四行	婚禮要辦在離香蕉市政府外 100 公里處的大教堂	備註：舉辦地點

⋒ 表 3-2-1

各位可以看到，結婚申請書裡頭除了有市政府名稱、市長以及申請日期之外，剩下來就是整篇內文了，整個格式非常簡單，各位一看就懂。

結婚申請書只是一個描述整個婚禮的內容，是**靜態**的，此時的婚禮還沒有正式舉行，當結婚申請書被丟進籃子裡頭去，並且由政府執行員對結婚申請書來執行閱讀與動作之時，此時的政府執行員便會根據結婚申請書裡頭的內容來開始執行，也就是說，此時的情況是**動態**的。

靜態的部分，我們就稱之為程式，在結婚申請書當中，程式是用繁體中文來寫成，例如像是第一行的內容「大明今年 25 歲」就是，但由於目前結婚申請書只有四行而已，所以這四行全都是程式碼，但程式是靜態的，只有當程式開始執行之時，此時才會由靜態來轉變成動態，而這時候的動態，我們就稱之為行程或程序（Process）。

當程式開始執行也就是行程正式開始運行的時候，此時會有一個婚禮主負責人（簡稱為主負責人）主負責人會把每一行的程式碼交給政府執行員，接著讓政府執行員去執行，如圖中的向左箭頭所示，主負責人把第一行的程式碼「大明今年 25 歲」交給政府執行員去執行，而且方向是向下的，如圖中的向下箭頭所示：

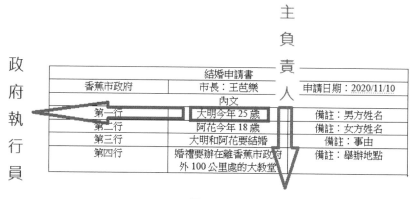

👌 圖 3-2-1

當政府執行員執行完第一行的程式碼「大明今年 25 歲」之後，主負責人便會把程式碼的第二行「阿花今年 18 歲」交給政府執行員去執行，方向一樣向下，情況如下圖所示：

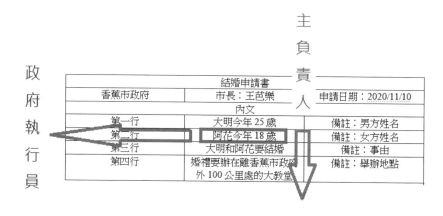

👌 圖 3-2-2

以此類推，直到程式全部執行完畢為止，也就是程式執行到第四行。

像這種動態的執行，我們稱之為行程，而婚禮的主負責人（主負責人）我們就稱之為主執行緒。

通常，在一台電腦上不會只有一個行程，就好像一個國家裡頭不會只有一件婚禮，而是有很多件婚禮要舉行，但不管有幾件婚禮，政府執行員只有一個（我們假設只有一個），但各位在前面也都看到了，想要執行婚禮，就必須得有政府執行員，但政府執行員只有一個，於是大家就會出現開始搶政府執行員的情況發生，好讓婚禮能夠進行，像這種情況，我們就稱之為競爭，而有競爭就出現了管理，因此，為什麼行程會需要管理的原因就在於此了。

回到我們的電腦，電腦在同一時間裡頭有很多行程在同時運行，例如說你打開播放軟體，此時你看不見的防毒軟體也同時在電腦當中運行著，兩個軟體想要在同一時間之內被執行，兩者全都必須得透過 CPU，這時候兩個軟體之間就會發生競爭，而有競爭就有管理，因此，行程管理就是作業系統裡頭所要討論的一個重要主題了。

關於行程的概念我們就暫且先到此為止，後面我們還會講到跟行程密切相關的主題像是婚禮主負責人簡稱為主負責人也就是所謂的主執行緒，以及外聘來的婚禮工作人員也就是所謂的執行緒等等皆是跟行程密不可分的重要觀念。

3-3　記憶體管理概說

在這裡，我們所說的記憶體為隨機存取記憶體 RAM，當然啦！講白一點就是我們前面所說過的籃子，或者是你也可以想像成是國家的土地。

從前面的課程當中我們已經看到，記憶體在整個程式運作當中所扮演出來的角色，如果沒有記憶體，那程式就無法執行，既然程式無法執行，那你的電腦也就無法運行，所以你就知道記憶體在電腦當中是扮演著多麼重要的角色，還有這個角色也可以讓 CPU 來對其做快速的存取動作。

回到前面，那時候我們把：

行數	繁體中文	水星文	火星文	備註
第一行	大明今年 25 歲	AABBAAA	@^@@^%%%	男方姓名

♩ 表 3-3-1

以及：

行數	程式語言（C 語言）	組合語言	機械語言	備註
第一行	int number1=10	dword ptr [ebp-8],0Ah	C7 45 F8 0A 00 00 00	把數字 10 給放進 number1 裡頭去

∩ 表 3-3-2

分別給翻譯成火星文和機械語言，不知道各位注意到了沒有，所謂的：

```
int number1=10
```

這句話裡頭，其意思就是備註當中的內容「把數字 10 給放進 number1 裡頭去」，請各位想想這句話的涵義，在這句話的涵義裡頭，無形中透露出了下列兩件非常重要的訊息，那就是：

1. 指令：把…放進 number1 裡頭去

2. 資料：數字 10

各位說對嗎？而上面那兩句話所對應到的機械語言則是：

1. 指令：C7 45 F8（意思就是把…放進 number1 裡頭去）

2. 資料：0A 00 00 00（意思就是數字 10）

而不管是指令也好，資料也罷，最後通通都會被轉換成機械語言，然後放進記憶體裡頭去，接著進入 CPU 去執行，但如果這時候我們的程式碼在第 100 行的地方突然間說：「把數字 1 給放進 number1 裡頭去」的話，那這時候的情況又會是如何呢？我想應該是像下面這樣：

行數	程式語言（C 語言）	組合語言	機械語言	備註
第一百行	int number1=1	dword ptr [ebp-8],1	C7 45 F8 01 00 00 00	把數字 1 給放進 number1 裡頭去

∩ 表 3-3-3

這時候，原來的機械語言：

```
C7 45 F8 0A 00 00 00
```

就會轉變成了：

```
C7 45 F8 01 00 00 00
```

也就是說，當 CPU 從記憶體當中擷取指令和資料之後，便把在 CPU 當中運算後的運算結果給存回記憶體裡頭去，後來因為某些因素，又會執行程式，並且把原來的數字 10 給覆蓋成數字 1，這種情況就跟前面所講過的內容，後面的金魚吃掉前面的金魚意思一樣，實際的應用就是當你打遊戲之時，本來你的血有 100，而當你被怪獸打到時，你的血便會減去 1 而成為 99，之後 99 這數字便會覆蓋原來的血 100 而成為新的血也就是 99，像這種對數字的重新改寫等等那全都是屬於記憶體在管理的事情。

當然啦！記憶體管裡還有資訊安全上的問題，就拿我們的籃子來說好了，籃子的數量假如有 100 個，你再怎麼用，頂多也就只是那 100 個，超過就算違規；又或者是這 100 個籃子當中的前 30 個籃子是政府特定人士專用，你如果用了也算違規，像這種也都是屬於記憶體管裡。

3-4　IO 管理概說

在前面，我們已經看到了 CPU（政府執行員）跟記憶體（籃子）在電腦裡頭的重要性，也許你會說，如果一台電腦裡頭只有 CPU 和記憶體的話，那電腦不就可以運作了？就算不知道結果也沒關係，反正它也可以運作。

就理論上來說這樣講確實是沒錯，但沒有 I/O 這種輸入輸出的話，我們要如何去檢測當 CPU 對程式運算完之後，其運算結果是否為正確的呢？就像我用程式語言來寫一道程式碼來計算 1+1=2 好了，理論上現在整台電腦裡頭只有 CPU 和記憶體，而當 CPU 把計算結果 2 給丟回記憶體裡頭去之時，由於這時候沒有輸出也就是螢幕顯示器，所以我們也無法看到記憶體當中的數字 2 是否就是真的被計算了出來，因此你就知道 I/O 也就是輸入輸出的重要性。

各位在前面當中可以看到，當 I/O 事件發生之時，CPU 所扮演的角色，現在問題來了，當 I/O 事件發生的時候，一定得透過 CPU 來做處理嗎？

答案是不一定。

怎麼說？回到我們婚禮的例子，要是婚禮在舉行一半突然間發生事情之時，如果此時政府執行員非常忙碌，又或者是發生了像新郎被狗咬這種不起眼的小事的話，此時不需要政府執行員來親自出馬，接著會由政府主導，讓遠在 100 公里外的大教堂直接對籃子裡頭的內容（也就是程式）直接讀取籃子裡頭的內容，接著看事情之後怎麼發展。

回到我們的電腦，如果 I/O 事件發生之時，要是 CPU 非常忙碌，又或者是這 I/O 事件本身的重要性不高，此時的 CPU 並不會馬上趕來處理這 I/O 事件，而是由作業系統來主導，直接讓 I/O 來讀取記憶體當中的內容，像這種處理方式我們就稱之為直接記憶體存取（Direct Memory Access，DMA）

講白一點就是，所謂的直接記憶體存取的意思就是說電腦硬體可以不需要透過 CPU，然後直接對記憶體裡頭的資料或數據來做讀寫，是屬於一種快速的資料處理方式。注意，這裡的電腦硬體包含網路卡、音效卡以及顯卡等皆是。

最後，還有更重要的一點就是，涉及到 I/O 的電腦硬體由於多次進出記憶體，所以這時候便會影響到電腦的運行，各位還記得這段話嗎？

當然啦！記憶體管裡還有資訊安全上的問題，就拿我們的籃子來說好了，籃子的數量假如有 100 個，你再怎麼用，頂多也就只是那 100 個，超過就算違規；又或者是這 100 個籃子當中的前 30 個籃子是政府特定人士專用，你如果用了也算違規，像這種也都是屬於記憶體管裡。

要是 I/O 超用籃子（也就是記憶體）的數量又或者是把資料或數據給寫入政府特定人士專用的籃子（也就是系統此時此刻正在使用的記憶體）這時候電腦絕對會出問題，嚴重者就會出現當機啦！

所以這也是為什麼作業系統也會對 I/O 來進行管理，原因就是這樣。

3-5　保護管理概說

在講保護管理之前，讓我們先來想一個問題。我們都知道，人類身上都有保護自己的基本功能在，而這基本功能還能夠抵抗外來病毒的入侵，但話雖如此，如果病毒本身過於狡猾，那病毒還是可以繞過人體的基本功能，最後感染人類，同樣道理，電腦也是一樣。

電腦就好像一個人體的縮影，它本身也需要被保護，怎麼說？因為總有些半夜不睡覺，又或者是以攻擊電腦為目的的駭客們總是會設計出一些病毒或惡意程式來攻擊電腦，這時候對電腦的保護就相當重要了。

早期的電腦病毒是透過磁片或者是隨身碟等裝置來感染電腦，但現在不一樣了，由於網路的普及，所以現在的惡意程式大多會透過網路來攻擊電腦，像是著名的木馬病毒、蠕蟲攻擊、勒索軟體以及 DDOS 殭屍攻擊等惡意程式，而這些惡意程式發展至今，其數量可以說是數不清，你問我從世界上第一隻病毒的誕生日期來開始算起到今天為止，這世界上總共有多少隻惡意程式或電腦病毒？說真的，這我也說不清楚，我只能告訴你很多病毒像是木馬，它會一代一代地進步與演化，而每一代的功能都會比上一代更強，而且其自我的保護能力還會一代比一代地來得高竿，進而逃過被防毒軟體的查殺，因此，這世界上為此而誕生了一門學問，而這門學問就稱之為資訊安全。

惡意程式不只攻擊電腦，有的還會特意攻擊你的檔案，像是近幾年所流行的勒索軟體就是一個著名的例子，當然啦！如果你想要寫程式去攻擊硬體的話那可不可以？當然可以囉！只要你寫得出來的話那還有什麼不可以的？從前面的例子當中我們可以看到，攻擊記憶體、CPU 甚至是想要對 I/O 來下手都是好對象，但問題是有那麼好攻擊嗎？

最後要說的是，這世界上沒有一個系統是絕對安全的，但資訊安全工程師能做的，就是逐步地發現系統漏洞之後，對系統不斷地改進，進而讓漏洞越來越少，使得系統的安全性變得越來越高。

3-6　指令解釋管理概說

指令解釋管理聽起來好像很抽象，其實就是你可以用一些指令直接來跟作業系統溝通，像是 Windows 作業系統裡頭最著名的 cmd 就是一個活生生的例子，各位可以在 cmd 底下使用這些指令來跟作業系統溝通，像是使用 ipconfig 這個指令來查詢你電腦裡頭的 IP 位址，情況如下所示：

```
CMD 命令提示字元

Microsoft Windows [Version 10.0.17763.1577]
(c) 2018 Microsoft Corporation. All rights reserved.

C:\Users\IEUser>ipconfig

Windows IP Configuration

Ethernet adapter Ethernet0:

   Connection-specific DNS Suffix   . : localdomain
   Link-local IPv6 Address . . . . . : fe80::548:5bb7:7d14:c943%4
   IPv4 Address. . . . . . . . . . . : 192.168.29.128
   Subnet Mask . . . . . . . . . . . : 255.255.255.0
   Default Gateway . . . . . . . . . : 192.168.29.2

C:\Users\IEUser>
```

🎧 圖 3-6-1

像 ipconfig 這樣的指令在 Windows 作業系統裡頭實在是太多太多了，再加上這些指令不是副程式就是函數，而當使用者在 cmd 裡頭輸入像是 ipconfig 這樣子的指令之後，便可以驅動這些副程式或者是函數，這樣一來就可以方便你來使用這些指令，講白一點，就是直接讓你來控制作業系統。

3-7　檔案和輔助記憶體以及網路連線管理概說

在前面，我們已經講了作業系統的主要管理對象，要是沒有那些管理對象，電腦在運作時絕對會出問題，而接下來我所要講的管理對象，其實就算沒有也沒關係，電腦也一樣可以運作，它們分別是：

1. 檔案管理

2. 輔助記憶體管裡

3. 網路連線管理

這些管理由於只是次要，所以我就大概說一說即可。

首先是檔案管理，檔案主要儲存在記憶體當中，而管理時主要是以帶有層次的目錄來做管理，例如以下面的目錄（也被稱之為資料夾）「電腦科學概論」來說好了：

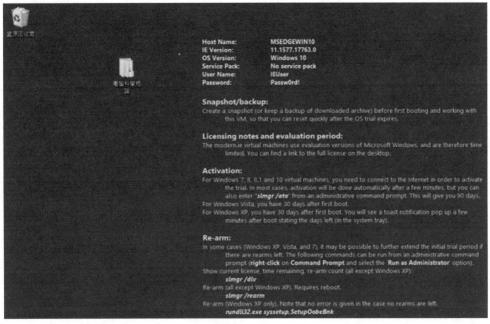

♠ 圖 3-7-1

　　當各位創建了名為電腦科學概論的目錄之後，便可以在裡頭又創建其他或者是以電腦科學概論這個主題為主，並且帶有層次性的目錄，情況如下圖所示：

♠ 圖 3-7-2

而每一個目錄，又可以再分下去，以作業系統為例，我們可以分成三個：

🎧 圖 3-7-3

請各位注意這裡：

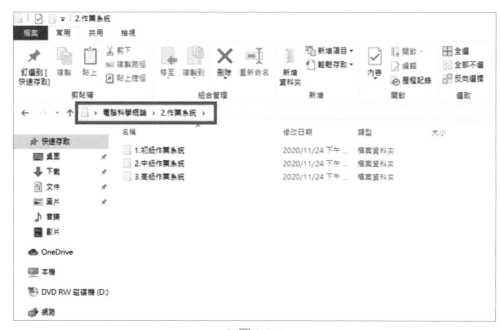

🎧 圖 3-7-4

框起來的地方則是路徑。

從電腦科學概論這個目錄裡頭我們可以找到作業系統這個目錄名稱，而從作業系統這個目錄裡頭我們又可以找到三種程度的作業系統，而每一種程度的作業系統裡頭皆有由老師所寫的 word 檔案，情況如下圖所示：

♪ 圖 3-7-5

像這種目錄設計就是帶有層次性的設計，目的主要是方便使用者來管理。

當然啦！使用者不但可以管理目錄與檔案，必要時作業系統也會幫你管理，像是創建上面帶有層次性設計的目錄，又或者是把目錄內的檔案給刪除或者是複製等，這些全都是作業系統在管理的事情。

檔案管理還有一個重要的地方要說明一下，那就是權限，有時候移動檔案會因為權限不足而無法移動，又或者是因為私人或機密問題，檔案會被加密，使用者必須輸入密碼之後才能夠解開檔案，而這些，全都是作業系統在管理的事情。

以下是在 Windows10 作業系統下，透過手工設定來讓應用程式帶有或者是不帶有存取檔案的權限：

♪ 圖 3-7-6

接下來我們要講的是輔助記憶體。輔助記憶體的部分就像是前面已經說過的硬碟、光碟或者是磁片等，這些全都是輔助記憶體裝置或設備，而其中最重要的就是硬碟：

❶ 圖 3-7-7

當你的記憶體容量不夠時，此時你便可以向作業系統下達命令，把你的資料或片片給存入硬碟裡頭，這樣當你關機再開機之後，你還是可以在你的硬碟裡頭找到你的資料或片片而不會遺失，這些全都是作業系統在管理的事情。

最後則是網路管理，網路管理的最大特徵就是，藉由網路連線來彼此支援對方電腦的程式執行結果，而作業系統在這之中所扮演的角色有網路通訊協定等。

參考資料來源

檔案權限設定實戰教學：

https://support.microsoft.com/zh-tw/windows/-windows-10-%E6%AA%94%E6%A1%88%E7%B3%BB%E7%B5%B1%E5%AD%98%E5%8F%96%E6%AC%8A%E8%88%87%E9%9A%B1%E7%A7%81%E6%AC%8A-a7d90b20-b252-0e7b-6a29-a3a688e5c7be

http://webserver3.crete.com.tw/qadb/show.asp?point=&id=7134

檔案加密實戰教學：

http://www.cc.ntu.edu.tw/chinese/epaper/0023/20121220_2305.html

3-8　系統呼叫概說

在前面的教學裡頭我已經有說過記憶體的種類以及其重要性，其實不管是記憶體也好還是虛擬記憶體（我在最開始的時候有提過虛擬記憶體的基本概念，不懂的各位可以回去翻翻）也罷，都可以看得出來記憶體在整個電腦程式或軟體的運行當中所扮演的重要角色，當然我也說過，部分的記憶體是留給系統，

而部分則是由使用者在使用，這彼此之間彷彿就好像有條看不見的鴻溝一樣，不可以隨便使用對方的記憶體空間。

是這樣，我們會把虛擬記憶體給分成：

➤ 使用者空間（英語：User Space）

➤ 核心空間（英語：Kernel Space）

其中，一般的程式或軟體運行在使用者空間上（此時的應用程式稱為 Userland），至於核心（包含擴充 Kernel Extensions）與驅動程式等，則是運行在核心空間上。

但不管是哪一種，都需要執行權限，而本節所要說的系統呼叫，則是在核心空間之內來執行。

就拿我們的籃子為例，籃子假設有 100 個，前 30 個就是政府專用，而後 70 個就是一般民眾專用，由於政府專用的籃子裡頭有重要的文件，要是這些重要文件被一般民眾給拿去使用或者是覆蓋過去，屆時整個國家的運作會出現問題，所以這時候管理這 100 個籃子的最好辦法，就是畫出一條規定線，規定線以前的 30 個籃子是給政府使用，而規定線以後的 70 個籃子是給民眾使用，彼此之間誰都不用誰的籃子，而使用時都有自己的權限，有了權限之後誰也無法使用誰的籃子，如此一來就不會出事了，同理可推到記憶體保護。

而系統呼叫則是說，當程式在使用者空間運行之時，打算向作業系統核心請求更高的權限來運行的一種服務，而呼叫方法則是和程式語言當中呼叫函數那樣，差別只在於：

➤ 系統呼叫由作業系統核心提供，並在核心空間上執行

➤ 函數呼叫由程式向函式庫來呼叫，並在使用者空間上執行

就像說，如果放在那 70 個籃子內的表格上的內容有寫到需要請求使用政府的機密計算機的話（假設政府的機密計算機不開放給一般民眾來使用）這時候民眾就得向政府提出申請，接著提高民眾的使用權，而當民眾的使用權限提高申請被核准了之後，本來不能使用政府的機密計算機現在也可以使用了。

所以我們從這件事情當中可以看得出來，系統呼叫不是一件普通的事情，而是一件大事，所以作業系統必須得監控並管理這件事情。

回到我們的電腦，一般而言，系統呼叫大多是由像組合語言這種低階語言來呼叫之外，一般的 Python 等之類的高階程式語言是沒有提供直接的方式來執行系統呼叫，那你會問，不能直接來那怎麼辦？那就只好間接囉（PS：所以這也是為什麼高階程式語言的靈活性會比低階程式語言小的原因就在於此了）

系統呼叫跟函數呼叫很像，既然如此，那我們來看看系統呼叫是如何傳遞參數，目前有三種傳參方法：

> 暫存器傳遞法

> 位址當傳遞法

> 堆疊當傳遞法

這三種方式我們大概知道即可，有興趣的各位可以參考程式語言。

3-9 系統程式與應用程式概說

系統程式（或軟體）就是針對系統運作需求的程式（當然啦，如有必要的話也包含軟體），而基本的系統程式（或軟體）有：

1. 編譯器：把原來的程式語言給翻譯成另外一種程式語言的程式（或軟體）。

2. 組譯器：把組合語言給翻譯成機械語言的程式（或軟體）。

3. 載入器：把程式給放進記憶體當中來執行的程式（或軟體）。

4. 連結器：把由編譯器（或組譯器）所生成的目標文件給加上 Library（或 Runtime Library）之後連結成一個執行檔的程式（或軟體）。

5. 巨集處理器：避免程式設計師重複撰寫程式的程式（或軟體）。

6. 作業系統：講過，在此不提

要是把上面的前四樣給白話的話（第五樣應該不用多做解釋），那就是：

1. 編譯器：把繁體中文給翻譯成水星文的程式（或軟體）。

2. 組譯器：把水星文給翻譯成火星文的程式（或軟體）。

3. 載入器：把火星文給放進籃子當中來執行的程式（或軟體）。

4. 連結器：把火星文當中的內容加上些從工具箱當中調用一些像是計算機那樣的工具的程式（或軟體）。

以上六樣是系統程式所討論的範圍，由於系統程式在大學裡頭是門專業且牽涉到實作的一門課，在此，由於我們只討論作業系統，其餘五樣因為其內容遠遠超越本書的範圍，所以我們就不提了，在此我們只要先有個基本概念即可。

至於應用程式（或軟體）就像是你用的小畫家或小算盤等等這樣子的應用軟體，我想這些各位應該都知道我就不用再多做介紹。最後我給各位一張電腦系統的區塊圖（為了簡便，我乾脆就用表來描述）：

使用者
系統程式 應用程式
作業系統
底層硬體

∩ 表 3-9-1

而以上就是一組現代電腦系統的基本整體配備。

Note

Chapter 04

行程與執行緒概說

4-1 行程狀態概說

前面，我們已經對行程有了初步的基本認識，在這裡，我們則是要來對行程有更深刻的認識，一樣讓我們回到表：

結婚申請書		
香蕉市政府	市長：王芭樂	申請日期：2020/11/10
內文		
第一行	大明今年 25 歲	備註：男方姓名
第二行	阿花今年 18 歲	備註：女方姓名
第三行	大明和阿花要結婚	備註：事由
第四行	婚禮要辦在離香蕉市政府外 100 公里處的大教堂	備註：舉辦地點

↻ 表 4-1-1

各位有沒有發現到一件事情，那就是，上表中的內容彷彿就像是在完成一件事情或者是一項工作一樣，而這項工作，又如同由一間公司來負責完成，並在完成後產出結果。

沒錯，所以有的前輩會把行程給比擬成日常生活裡頭的公司，雖然這種比喻並不是百分之百的正確，但確實已經讓我們能夠對行程有一個比較好理解的想法，要是你真的對於行程的概念還是很難以理解的話，那你就把行程給暫時地想像成公司，這樣想，可以幫助你來理解後面的課程，但請記住這不是絕對的正確。

從前面與上面的知識來想，行程就如同公司一樣也是需要被創建出來的，不但如此，被創建出來的行程還會處於一種就緒狀態，就緒的目的是讓行程準備排隊然後進入 CPU 裡頭執行。

以及如果行程在執行的過程中要是遇到 I/O 等中斷事件的話，此時行程便會轉為等待狀態，並且等到 I/O 等中斷事件結束之後才會轉為就緒狀態，之後再重新進入 CPU 裡頭繼續執行直到行程結束為止，而行程在執行完之後行程自己便會自動消失。

現在就讓我們來對於行程從創建開始一直到消失結束為止，這之間的整個運行流程來做一個簡單的歸納：

1. 新生（new）：產生一個新的行程

2. 就緒（ready）：行程產生後並就緒，接著讓排程安排行程進入 CPU 裡頭準備執行

3. 執行（running）：執行行程的指令與資料

4. 遇 I/O 等中斷事件

5. 轉等待狀態（waiting）：此時行程轉為等待狀態，等待 I/O（含事件）結束後便轉為就緒狀態，之後再重新進入 CPU 裡頭繼續執行

6. 結束（terminated）：行程釋放資源，此時行程執行結束並消失。

圖示如下：

1.新生（new）→2.就緒（ready）→3.執行（running）→6.結束（terminated）

5.轉等待狀態（waiting）←4.遇I/O等中斷事件

🎧 圖 4-1-1

如果未發生中斷，則順序是：1 → 2 → 3 → 6

如果真發生中斷，則順序是：1 → 2 → 3 → 4 → 5 → 2 → 3 → 6（假設中斷只發生一次）

4-2　行程的執行單位

在前面，我們看到行程就彷彿如公司一樣，初始時會被創建起來，接著中間製造產品，最後關門大吉，如果中間臨時遇到事情的話，就讓自己先暫停下來，等事情處理完畢之後再重新從剛剛所停下來的地方繼續開始工作，直到工作結束為止。

各位有沒有想過，在這整個過程之中，公司本身能夠製造產品嗎？答案是不行的，怎麼說？因為公司就跟國家一樣，都只是人類的一個概念而已，只有公司或國家裡頭的人類（或生物好了）才能夠製造產品，而所謂的公司或國家純粹只是一個概念而已，所以真正的主角，其實就是人（或生物）。

讓我們回到表：

結婚申請書		
香蕉市政府	市長：王芭樂	申請日期：2020/11/10
內文		
第一行	大明今年 25 歲	備註：男方姓名
第二行	阿花今年 18 歲	備註：女方姓名
第三行	大明和阿花要結婚	備註：事由
第四行	婚禮要辦在離香蕉市政府外 100 公里處的大教堂	備註：舉辦地點

🎧 表 4-2-1

　　前面說過，整張表的最後結果就是在產出或者是完成一件事情，而這之間是由誰來完成？答案不是公司，因為剛剛說到公司只是個抽象的概念而已，真正在執行工作的其實是公司裡頭的人，所以你可以看到，每一行的內文都需要有人來實際地執行工作，而前面也說過，一間公司裡頭至少要有一位主負責人，只要有這位主負責人，那這間公司至少就可以由他一個人來運作，但只是會做到累死而已，這情況就如同我們在前面所講過的那樣：

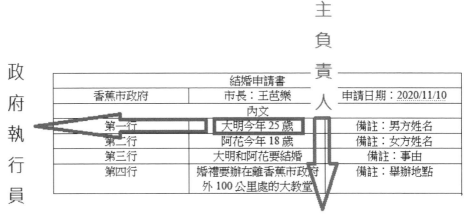

🎧 圖 4-2-1

以及：

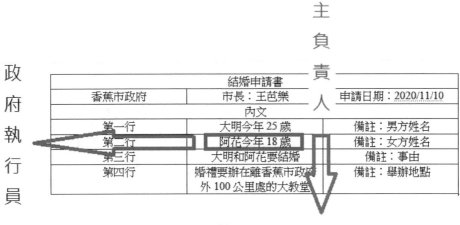

♠ 圖 4-2-2

　　現在請各位想像一下，如果我們的表格長很長，且之中有非常耗時的工作要做的話，像這樣：

結婚申請書		
香蕉市政府	市長：王芭樂	申請日期：2020/11/10
內文		
第 1 行	大明今年 25 歲	備註：男方姓名
第 2 行	阿花今年 18 歲	備註：女方姓名
第 3 行	大明和阿花要結婚	備註：事由
中間有 100 行	中間有 100 件事情	備註：略
第 104 行	新郎要走向 A 桌去跟 A 桌的 10 位賓客敬酒	
中間有 200 行	中間有 200 件事情	備註：略
第 305 行	新娘要走向 B 桌去跟 B 桌的 20 位賓客敬酒	
中間有 700 行	中間有 700 件事情	備註：略
第 1006 行	婚禮要辦在離香蕉市政府外 100 公里處的大教堂	備註：舉辦地點
中間有 499 行	中間有 499 件事情	備註：略
第 1506 行	送入洞房	備註：略
第 1507 行	婚禮結束	

♠ 表 4-2-2

讓我們來想像一下，這婚禮要怎麼執行呢？我想事情可以有兩種處理方式：

第一種：婚禮中只有一位主負責人來處理所有事情

結婚申請書		
香蕉市政府	市長：王芭樂	申請日期：2020/11/10
內文		
第 1 行	大明今年 25 歲	備註：男方姓名
第 2 行	阿花今年 18 歲	備註：女方姓名
第 3 行	大明和阿花要結婚	備註：事由
中間有 100 行	中間有 100 件事情	備註：略
第 104 行	新郎要走向 A 桌去跟 A 桌的 10 位賓客敬酒	
中間有 200 行	中間有 200 件事情	備註：略
第 305 行	新娘要走向 B 桌去跟 B 桌的 20 位賓客敬酒	
中間有 700 行	中間有 700 件事情	備註：略
第 1006 行	婚禮要辦在離香蕉市政府外 100 公里處的大教堂	備註：舉辦地點
中間有 499 行	中間有 499 件事情	備註：略
第 1506 行	送入洞房	備註：略
第 1507 行	婚禮結束	

🎧 圖 4-2-3

解說如下

當內文從第 1 行開始執行到第 104 行：

主負責人就得安排新郎去走向 A 桌，並且引導他跟 A 桌上的 10 位賓客敬酒，這時候整個婚禮的全部流程都會卡在這第 104 行，直到新郎跟 A 桌內的 10 位賓客全部敬完酒為止，情況如內文到第 104 行中間的箭頭所示。

當第 104 行的內文被執行完畢之後，接著主負責人又會繼續往下做 200 件事情，直到第 305 行：

主負責人就得安排新娘去走向 B 桌，並且引導她跟 B 桌上的 20 位賓客敬酒，這時候整個婚禮的流程全都會卡在第 305 行，直到新娘跟 B 桌內的 20 位賓客全部敬完酒為止。

之後以此類推，主負責人會完成下面的內文，如圖中剩下箭頭的方向，在這整個過程之中，全部的事情從上到下通通只由主負責人一個人來完成，且中間並無請人協助。

但現在問題來了，如果在執行第 104 行之時，A 桌上的 10 位賓客故意要整新郎，讓新郎不斷地輪流跟賓客重複敬酒，而這一敬，至少就得花上 10 個小時以上，那這下可慘了，婚禮光是卡在這桌人的身上至少就得花上 10 個小時，那後面的事情該怎麼辦？而最精采的洞房又何時才能夠進入呢？

所以這時候讓我們來看看第二種處理方式。

第二種：婚禮中有一位主負責人，且這位主負責人會聘請員工來幫忙處理事情，接著，主負責人便可以繼續往下執行接下來婚禮所要執行的工作事項，情況如下圖所示：

結婚申請書		
香蕉市政府	市長：王芭樂	申請日期：2020/11/10
內文		
第 1 行	大明今年 25 歲	備註：男方姓名
第 2 行	阿花今年 18 歲	備註：女方姓名
第 3 行	大明和阿花要結婚	備註：事由
中間有 100 行	中間有 100 件事情	備註：略
第 104 行	新郎要走向 A 桌去跟 A 桌的 10 位賓客敬酒	A員工 執行敬酒
中間有 200 行	中間有 200 件事情	備註：略
第 305 行	新娘要走向 B 桌去跟 B 桌的 20 位賓客敬酒	
中間有 700 行	中間有 700 件事情	備註：略
第 1006 行	婚禮要辦在離香蕉市政府外 100 公里處的大教堂	備註：舉辦地點
中間有 499 行	中間有 499 件事情	備註：略
第 1506 行	送入洞房	備註：略
第 1507 行	婚禮結束	

🎧 圖 4-2-4

解說如下

　　當主負責人執行到第 104 行的時候，此時的主負責人便會聘請 A 員工，而此時的 A 員工便會引導新郎去跟 A 桌上的 10 位賓客來敬酒，如圖中第 104 行當中的分岔線條所示。

　　之後，主負責人便可以繼續往下執行他的工作，直到執行到第 305 行：

結婚申請書		
香蕉市政府	市長：王芭樂	申請日期：2020/11/10
內文		
第 1 行	大明今年 25 歲	備註：男方姓名
第 2 行	阿花今年 18 歲	備註：女方姓名
第 3 行	大明和阿花要結婚	備註：事由
中間有 100 行	中間有 100 件事情	備註：略
第 104 行	新郎要走向 A 桌去跟 A 桌的 10 位賓客敬酒	備註：略
中間有 200 行	中間有 200 件事情	備註：略
第 305 行	新娘要走向 B 桌去跟 B 桌的 20 位賓客敬酒	備註：略
中間有 700 行	中間有 700 件事情	備註：略
第 1006 行	婚禮要辦在離香蕉市政府外 100 公里處的大教堂	備註：舉辦地點
中間有 499 行	中間有 499 件事情	備註：略
第 1506 行	送入洞房	備註：略
第 1507 行	婚禮結束	

A 員工
執行敬酒

B 員工
執行敬酒

☝ 圖 4-2-5

解說如下

當主負責人執行到第 305 行的時候，此時的主負責人便會聘請 B 員工，而此時的 B 員工便會引導新娘去跟 B 桌上的 20 位賓客敬酒，情況也如圖中的分岔線條所示。

之後,主負責人便可以繼續往下執行他的工作,直到執行到第 1057 行結束為止:

結婚申請書		
香蕉市政府	市長:王芭樂	申請日期:2020/11/10
內文		
第 1 行	大明今年 25 歲	備註:男方姓名
第 2 行	阿花今年 18 歲	備註:女方姓名
第 3 行	大明和阿花要結婚	備註:事由
中間有 100 行	中間有 100 件事情	備註:略
第 104 行	新郎要走向 A 桌去跟 A 桌的 10 位賓客敬酒	A員工 執行敬酒
中間有 200 行	中間有 200 件事情	備註:略
第 305 行	新娘要走向 B 桌去跟 B 桌的 20 位賓客敬酒	B員工 執行敬酒
中間有 700 行	中間有 700 件事情	備註:略
第 1006 行	婚禮要辦在離香蕉市政府外 100 公里處的大教堂	備註:舉辦地點
中間有 499 行	中間有 499 件事情	備註:略
第 1506 行	送入洞房	備註:略
第 1507 行	婚禮結束	

 圖 4-2-6

看完了前面的兩種情況，讓我們來歸納一下前面的知識點：

方法	特徵	解說	名稱	優點	缺點
第一種	一次執行到底，要是中間卡住的話，後面的流程就無法被執行	婚禮中只有一位主負責人來處理所有事情	單執行緒：在此例中，單執行緒就是主負責人	不需要額外請人	中間卡住就完蛋了
第二種	不需要一次就執行到底，要是中間卡住的話後面的流程還是可以繼續被執行，**且每位員工都有機會執行到工作**	婚禮中有一位主負責人，且這位主負責人會聘請員工來幫忙處理事情，接著，主負責人便可以繼續往下執行接下來婚禮所要執行的工作事項	多執行緒：在此例中，多執行緒就是主負責人以及多位員工	可以分攤工作	需要協調員工們對於婚禮的處理，不小心的話很容易出錯

表 4-2-3

以上只是暫時先講個基本概念而已，其實本節的主要目的是告訴大家，程式中只有執行緒是真正地在執行程式，不管這個執行緒是單執行緒還是多執行緒。在這之後我們會看到，由於多執行緒（尤其是多員工）的同時運作，會導致資源共用等的問題，關於這點，讓我們正式地學到執行緒之時再來討論。

4-3　行程控制區塊

前面，我們已經對行程以及行程內的執行緒都有了個大概了解，現在，我們要來想個問題，你認為開一間公司需要什麼基本資料？有開過公司的人就會說，至少需要以下的基本資料：1. 負責人、2. 公司名稱、3. 公司地址、4. 資本額等等，而公司被創建之後，又有分成：1. 營運中、2. 歇業中、3. 公司解散等不同的狀態。

而我們的行程也是一樣，當行程被創建之後，所有的程式碼就會被載入進記憶體當中，但話雖如此，我們的系統還是會很貼心地在記憶體當中配置一段可以記錄行程資訊的空間，性質就跟上面說過的公司基本資料那樣，而這塊記憶體空間，就被稱為行程控制區塊（英文為：Process Control Block，簡稱 PCB），一般來講，行程控制區塊裡頭有：

1. 行程辨別碼：當新行程創建之時，作業系統會賦予新行程一個編號，想成公司統編。

2. 行程狀態資訊：有 new、ready、running、waiting（blocked）等，想成公司現況。

3. 程式計數器資訊：放置即將執行下一行程式碼的記憶體位址，例如現在程式執行到程式碼的第 5 行，且程式碼第 5 行的編號（也就是記憶體位址）是 0000 0005，如果程式要執行下一行，也就是第 6 行（其編號也就是記憶體位址為：0000 0006），這時候程式計數器裡頭所放的就是 0000 0006。

4. CPU 暫存器資訊：記錄當下的暫存器，主要是在發生中斷時能夠使用（這前面已經說過，不再重複）

5. CPU 排程資訊：安排行程的排隊執行資訊，例如說現在有 A 和 B 兩家公司，這兩家公司裡頭 A 公司具有優先權，所以讓 A 先執行。

6. 記憶體管理：劃分出行程的使用範圍，這就好像界定公司的地址一樣，例如說公司在中山路 100 號，這時候只能額外加個 50 號給公司而成為公司的全部地址，所以公司的全部地址就是中山路 100 號加 50 號，因此，公司的可用地址範圍就是中山路 100 號～中山路 150 號之間全部皆是。而在這之中，暫存器當中的基底暫存器所存放的數字就是 100 號，而暫存器當中的限制暫存器所存放的數字就是 50 號，另外還有分頁表（這後面會提到）。

7. 統計資訊：CPU 運算時所用到的資訊，像是行程辨別碼等。

8. I/O 資訊：把 I/O 分配給行程。

4-4　排程概說

讓我們回到一個開來無事的下午，現在的你，此時此刻正打開電腦，打開後，你電腦裡頭的防毒軟體以及後台所看不到的許多服務等（例如 Windows Update 又或者是 Windows10 裡頭的病毒與威脅防護）正在運行著，接著，你打開了學生時代最令人懷念的遊戲 AOE，而且還跟隔壁的阿貓、阿狗、小王以及小三等四人約好這個時間大家一起來連線打 AOE，而為了提升作戰能力，你還在你的電腦上同時播放了你所精心收藏的片片，且為了助興，你甚至還打開了喇叭。

　　當你在爽上面的事情之時，你的 CPU 可是會被你給活活地操死，為什麼？因為我們在前面曾經講過，CPU 在同一時間之內就只能做一件事，沒辦法同時做這麼多事情，所以最好的辦法就是用輪流切換的方式來處理你的 AOE 、片片與喇叭播放等事情。

　　因此，這就牽涉到行程的兩種狀況：1. 執行狀態、2 不執行狀態。

　　例如說當作業系統創建一個 A 行程，同時也會創建 A 行程所對應到的行程控制區塊 PCB，接著把 A 行程給投入不執行狀態，此時要是另一個行程 B 用完了 CPU 所分配給它的時間之後，B 行程將會被中斷，之後 B 行程便會進入不執行狀態，接著讓處於不執行狀態的 A 行程給投入進執行狀態，於是重複這整個過程，直到系統中的所有行程全被執行完畢為止，情況如下圖所示：

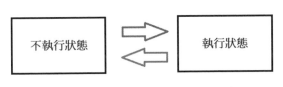

🎧 圖 4-4-1

　　向右箭頭是從不執行狀態轉變成為執行狀態，而向左箭頭則是從執行狀態轉變成為不執行狀態，這是一種調度與暫停之間的關係圖。

　　例如說，當你用片片播放軟體來開啟你的片片之時，此時正在播放音樂的音樂播放軟體用完了 CPU 所分給音樂播放軟體的時間，接著音樂播放軟體便會發生中斷，中斷完之後片片播放軟體便開始播放你的片片，而當分給片片播放軟體的 CPU 時間也用完了之後，片片播放軟體也會發生中斷，接著回去運行音樂播放軟體，如此輪流重複，直到全部播放完畢為止。

　　以上只是舉了兩個行程，也就是片片播放軟體與音樂播放軟體來當例子而已，如果行程有很多個，包含 AOE 甚至你還開起 Line 等來聊天的話，那這時候的行程就會有很多個，而為了方便管理，便會把這些行程給放進佇列裡頭去。

　　怎麼去想像佇列呢？佇列就像是一個許多人（應該說是公司）正在排隊的區域，所以這就牽涉到佇列管理，像這樣：

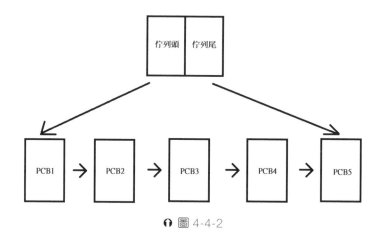

♠ 圖 4-4-2

　　佇列頭與佇列尾以位址的方式來定出整個佇列的範圍，而行程與行程之間則是以 PCB 用指標來連結，進而組成一個排程佇列（因事情的急迫性所組成的排隊隊伍就稱之為排程佇列）。

4-5 排程器概說

　　在講排程器這個概念之前先讓我們來想一個例子。假如現在有 7 間公司，其名字分別是 A、B、C、D、E、F、G，這 7 間公司打算要跟經濟部來申請研發補助款，由於這 7 間公司都分別同時申請，但同一時間之內卻只能有一間公司可以進入會議室（會議室就是 CPU）來參加審核面試，所以這時候經濟部裡頭的辦事人員（簡稱為經濟部辦事員）就必須對這 7 間公司來安排面試順序，好讓這 7 間公司全都有參加面試的機會。

　　而本節所要講的排程器，就是經濟部辦事員。

　　排程，跟排隊的意思很像，其實，不只行程進入 CPU 要經過排程這道手續，就連進入其他例如像是印表機等硬體設備之時也是要經過排程這道手續，如果排程跟排隊的意思很像，那現在就讓我們來想想，要是有 7 個行程正在排隊並且即將進入 CPU 裡頭去的話，那這時候是不是也需要一個像上面那樣的經濟部辦事員來幫忙安排這些行程的排隊順序呢？

　　本節假定，經濟部辦事員會根據每間公司的優先急迫性來排列，並先選出一個最具代表性的公司來參加面試，回到電腦，排程器會從這 7 個行程當中，

依照每個行程的優先急迫性來排列，並選出一個最具代表性的行程來進入 CPU 裡頭執行。

當經濟部辦事員把這 7 間公司 A、B、C、D、E、F、G 經過排列之後，其執行順序為：E、B、A、D、G、F、C，這之中以 E 最具代表性，所以先讓 E 來進行面試，把公司給替換成行程，其意思也是一樣。

由於上面有 7 間公司要進入面試，所以我們的經濟部辦事員可以依據隊伍，來把公司給分成：

第一組：E、B、A

第二組：D、G、F、C

其中，第一組 E、B、A 是離會議室（會議室就是 CPU）最近，而第二組 D、G、F、C 則是離會議室較遠，這種遠近安排，也是由經濟部辦事員來執行，其中第一組的經濟部辦事員我們稱之為「近程經濟部辦事員」；而第二組的經濟部辦事員我們稱之為「遠程經濟部辦事員」。兩種辦事員的工作內容很像，讓我們來描述如下：

近程經濟部辦事員的工作：由於每間公司即將進入會議室裡頭來參加審核面試，所以此時的近程經濟部辦事員便會對公司來做最後的調整與安排，進而確保面試會有最好的效果。

遠程經濟部辦事員的工作：由於每間公司距離會議室還有很遠的距離，此時便可以運用足夠的時間，調整這些公司的排隊順序。

讓我們回到電腦，根據上面的故事情節，我們又可以把排程器給分成兩種，分別是：

➢ 近排程器：就是排程器安排離 CPU 較近的行程來做更好的安排

➢ 遠排程器：就是排程器安排離 CPU 較遠的行程來做更好的安排

其實不管是近排程器也好，遠排程器也罷，其目的只有一個，那就是希望能夠藉由不斷地調整隊伍，來讓整個過程在執行上可以有最好的效果。

就行程的運行類型上，我們還分兩種分類：

> CPU 行程：CPU 會把時間分給多個行程，講白一點就是前面所講過的分時運行，這時候的 CPU 便會不斷地運作，連一點點的休息時間也沒有，就像你同時打開對戰遊戲 AOE、片片播放軟體、喇叭還有 Line 等等，此時的 CPU 會處於忙到死的狀態。

> I/O 行程：最常見的例子就是印表機，CPU 把第一筆資料傳送給印表機之後，此時的 CPU 便會閒閒沒事幹而處於空轉狀態，或著是等待印表機的同時，CPU 就去做其他的工作來節省時間。主要是因為印表機的運行速度比 CPU 的運行速度還要來得慢，所以，等到印表機把事情給做完了之後，CPU 才來做後面的事情。

講到這，讓我們來對排程器做一個總結與補充：

排程器是整個作業系統的執行核心，通常，排程器可以決定誰先執行，誰後執行，甚至暫停正在執行中的行程，並把這個行程給丟回佇列中，並從佇列中抓出一個新行程，讓這個新行程能夠進入 CPU 裡頭去執行，而像這種具有搶占式的排程器，我們就稱之為搶占式排程器，而與其相反的，則是稱之為協同排程器。

以上面的第一組 B 公司來說，我們的經濟部辦事員可以隨時把在會議室裡頭開會的 B 公司給請出會議室，並且讓 B 公司重新回到隊伍裡頭去排隊，接著經濟部辦事員會從隊伍中來選出 A 公司，並讓 A 公司可以進去會議室裡頭來參加面試，像這種排程器就是上面所說的搶占式排程器。

4-6 再論排程

前面，我們曾經對排程講述了一個基本概念，現在，我們還要來對排程做一個稍微深入地研討，還是一樣，我們不要把事情給弄得太深太難，用生活的例子來舉例就好。

　　假設你現在是一個片片播放管理員，然後你手上有 6 部片片以及一台影片播放器，分別是：

編號	片名	長度	主角	適用年齡
A	結衣 - 愛的擁抱	75 分鐘	佐藤結衣	17 歲又 364 天
B	暗黑 KERORO- 入侵地球篇	28 分鐘	KERORO	全年齡
C	名偵探柯北	32 分鐘	工藤新二	6 歲以上
D	暗黑結衣 - 神秘泡泡	127 分鐘	暗黑結衣	17 歲又 364 天
E	可能的任務	66 分鐘	湯姆克滷蛋	12 歲以上
F	天使神探	57 分鐘	湯姆傑莉	12 歲以上

🎧 表 4-6-1

　　如果是你，你要怎樣安排這些片片的播放？片片播放的方式很簡單，就一位片片管理員把片片給放進影片播放器之後來播放片片即可，講完了片片的操作方式之後，現在就讓我們來想想最簡單的幾種片片播放方式：

➤ 按照英文字母的編號順序來播放

　　按照英文字母的順序來播放，這種播放方式是最簡單的是嗎？也就是說，哪些片片最被優先編號，就先播放那些片片，但你會問，一開始編號為 A 的《結衣 - 愛的擁抱》片長竟然高達 75 分鐘耶！那如果我看片的總時間有限，那後面的片片我該怎麼辦才好呢？再說《結衣 - 愛的擁抱》高潮的部分也許只有那短短的兩分鐘而已，所以整部片將近有 73 分鐘的部分全都不是我的菜。

　　所以說，這種先編排就先播放的情況雖然是很好管理，因為順序簡單，只要按照英文字母的順序 ABCDEF 來播放即可，但缺點是不近人情，如果一開始遇到片長的片片，那後面的片片要播放就得等待很長的一段時間，但這也是一種管理播放的方法之一，各位說對嗎？

➤ 時間長度最短的片片優先來撥放

　　在上面的例子當中，按照順序來播放片片雖然說是簡單好管理，但偏偏就是不近人情，對一個趕時間的人來說，其實可以使用下面的方式來管理片片的播放：

編號	片名	長度	主角	適用年齡
B	暗黑 KERORO- 入侵地球篇	28 分鐘	KERORO	全年齡
C	名偵探柯北	32 分鐘	工藤新二	6 歲以上
F	天使神探	57 分鐘	湯姆傑莉	12 歲以上
E	可能的任務	66 分鐘	湯姆克滷蛋	12 歲以上
A	結衣 - 愛的擁抱	75 分鐘	佐藤結衣	17 歲又 364 天
D	暗黑結衣 - 神秘泡泡	127 分鐘	暗黑結衣	17 歲又 364 天

∩ 表 4-6-2

最短時間最先播放,這樣一來,就算後面沒看到也沒關係。

➢ 搶先播放

根據每個人對於片片喜好的不同,而有不同的播放方式,例如說某人對於適用年齡在 17 歲又 364 天的片片特別有興趣,所以就算現在播放了其他非 17 歲又 364 天的片片之時,片片管理員也可以在非 17 歲又 364 天的片片播放到一半的時候(或某個時刻),就把片片給抽掉,這時候改播 17 歲又 364 天的片片,像這種就是屬於一種搶先式的播放方式。

優先權排程

在上面的表格中,雖然我們都已經對表格中的片片都上了編號,但我現在也可以針對哪些片片具有優先播放權來進行播放,例如:

編號	片名	長度	主角	適用年齡	優先權
A	結衣 - 愛的擁抱	75 分鐘	佐藤結衣	17 歲又 364 天	3
B	暗黑 KERORO- 入侵地球篇	28 分鐘	KERORO	全年齡	5
C	名偵探柯北	32 分鐘	工藤新二	6 歲以上	1
D	暗黑結衣 - 神秘泡泡	127 分鐘	暗黑結衣	17 歲又 364 天	6
E	可能的任務	66 分鐘	湯姆克滷蛋	12 歲以上	2
F	天使神探	57 分鐘	湯姆傑莉	12 歲以上	4

∩ 表 4-6-3

所以片片播放順序如下：

編號	片名	長度	主角	適用年齡	優先權
D	暗黑結衣 - 神秘泡泡	127 分鐘	暗黑結衣	17 歲又 364 天	6
B	暗黑 KERORO- 入侵地球篇	28 分鐘	KERORO	全年齡	5
F	天使神探	57 分鐘	湯姆傑莉	12 歲以上	4
A	結衣 - 愛的擁抱	75 分鐘	佐藤結衣	17 歲又 364 天	3
E	可能的任務	66 分鐘	湯姆克滷蛋	12 歲以上	2
C	名偵探柯北	32 分鐘	工藤新二	6 歲以上	1

↑ 表 4-6-4

優先權排程的優缺點如下：

優點	缺點
優先權越高者，越先被播放	1. 正在播放優先權較低者的片片之時，隨時都有可能會被優先權較高的片片給搶入 2. 低優先權的片片可能永遠都無法被播放

↑ 表 4-6-5

再來就是，每部片片都只播放一段時間，然後輪播到完畢為止。

讓我們回到下表：

編號	片名	長度	主角	適用年齡
A	結衣 - 愛的擁抱	75 分鐘	佐藤結衣	17 歲又 364 天
B	暗黑 KERORO- 入侵地球篇	28 分鐘	KERORO	全年齡
C	名偵探柯北	32 分鐘	工藤新二	6 歲以上
D	暗黑結衣 - 神秘泡泡	127 分鐘	暗黑結衣	17 歲又 364 天
E	可能的任務	66 分鐘	湯姆克滷蛋	12 歲以上
F	天使神探	57 分鐘	湯姆傑莉	12 歲以上

↑ 表 4-6-6

如果以 2 分鐘為單位，然後按照片片編號輪流地來播放片片，且片片每次的播放時間均為 2 分鐘，2 分鐘一到片片就立刻退出而換下一部片片來播放，而下一部片片也是只播放個 2 分鐘，2 分鐘一到之後就立刻退出，再換下一部片片來播放，例如說：

1. 一開始先播放編號 A 的片片《結衣 - 愛的擁抱》,《結衣 - 愛的擁抱》的播放時間只有 2 分鐘,2 分鐘一到之後《結衣 - 愛的擁抱》便立刻退出而換下一部片片《暗黑 KERORO- 入侵地球篇》來播放。

2. 《暗黑 KERORO- 入侵地球篇》播放了 2 分鐘之後,便換《名偵探柯北》來播放,而《名偵探柯北》播放了 2 分鐘之後就播放《暗黑結衣 - 神秘泡泡》。

3. 《暗黑結衣 - 神秘泡泡》播放了 2 分鐘之後,便換《可能的任務》來播放,而《可能的任務》播放了 2 分鐘之後就播放《天使神探》。

4. 《天使神探》播放了 2 分鐘之後,便換《結衣 - 愛的擁抱》來播放,而《結衣 - 愛的擁抱》播放了 2 分鐘之後就播放《暗黑 KERORO- 入侵地球篇》。以此類推到所有的片片全都播放完畢為止。

輪播的優缺點如下:

優點	缺點
每一部片片都有機會被執行到	由於換片次數過多,付出代價也大,且換片當中還要回想之前停下來時,情節走到什麼地方

♪ 表 4-6-7

最後是類型相似的片片擺在一起,並設定優先等級

讓我們回到下表:

編號	片名	長度	主角	適用年齡
A	結衣 - 愛的擁抱	75 分鐘	佐藤結衣	17 歲又 364 天
B	暗黑 KERORO- 入侵地球篇	28 分鐘	KERORO	全年齡
C	名偵探柯北	32 分鐘	工藤新二	6 歲以上
D	暗黑結衣 - 神秘泡泡	127 分鐘	暗黑結衣	17 歲又 364 天
E	可能的任務	66 分鐘	湯姆克滷蛋	12 歲以上
F	天使神探	57 分鐘	湯姆傑莉	12 歲以上

♪ 表 4-6-8

經過性質上的分配之後，我們可以得到下表：

編號	片名	長度	主角	適用年齡
A	結衣 - 愛的擁抱	75 分鐘	佐藤結衣	17 歲又 364 天
D	暗黑結衣 - 神秘泡泡	127 分鐘	暗黑結衣	17 歲又 364 天
E	可能的任務	66 分鐘	湯姆克滷蛋	12 歲以上
F	天使神探	57 分鐘	湯姆傑莉	12 歲以上
C	名偵探柯北	32 分鐘	工藤新二	6 歲以上
B	暗黑 KERORO- 入侵地球篇	28 分鐘	KERORO	全年齡

⋂ 表 4-6-9

其中 AD 為一組，EF 為一組，C 自己為一組，且 B 自己也為一組，而這些組與組之間甚至組之內的片片與片片之間都可以用優先權來做適當的安排來看誰先被播放。

讓優先權低的組也能夠被執行

承上面的內容，如果擁有高優先權的片片組的片片播放時間過長，那低優先權組的片片就無法被播放，因此，我們可以對影片播放器來分配好時間，假設影片播放器對於某組之內的片片，其播放時間超過 10 分鐘的話，那就強迫影片播放器改播放別組低優先權的片片。

上面的玩法是假設一台影片播放器以及 6 部片片的情況，如果這時候有很多台影片播放器的話，那情況就更有效率了對嗎？假設現在我們有 6 台影片播放器，情況如下所示：

1. 6 部片片排隊對應到 6 台影片播放器：

    其中，大家排隊的地方稱為佇列，優點是影片播放器可以互相支援，缺點是不好管理。

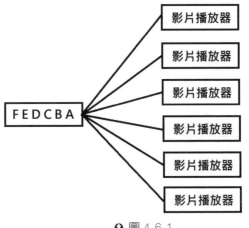

⋂ 圖 4-6-1

2. 1 部片片對應 1 台影片播放器：

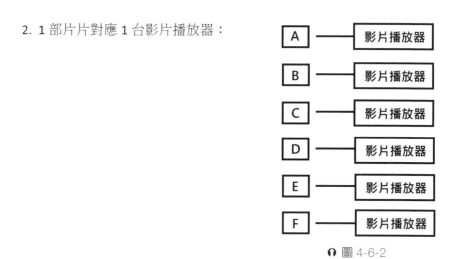

❶ 圖 4-6-2

這種設計方式的優點是一對一，方式簡單，但如果佇列中無片片的話，則會讓影片播放器空轉，浪費影片播放器。

把影片播放器給串起來

當然我們也可以把影片播放器給串起來：

❶ 圖 4-6-3

此時的影片播放器地位都相同，彼此之間也可以交換資訊。

主影片播放器與其他影片播放器

設定一台影片播放器為主影片播放器，而其他的影片播放器為副影片播放器：

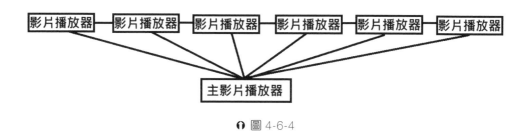

❶ 圖 4-6-4

而主影片播放器可以把片片丟給其他的影片播放器去處理，是一種主僕型的架構。

最後，讓我們對上面的論述來做個總結：

故事名詞	專有名稱
影片播放器	CPU
片片	行程

♠ 表 4-6-10

4-7 行程控制區間補充

在前面，我曾經講過 PCB 也就是所謂的行程控制區塊，那時候我說，每一個行程控制區塊裡頭皆記錄著 8 樣資訊，這 8 樣分別是：

1. 行程辨別碼

2. 行程狀態資訊

3. 程式計數器資訊

4. CPU 暫存器資訊

5. CPU 排程資訊

6. 記憶體管理

7. 統計資訊

8. I/O 資訊

例如以上一節所提到的那 7 間公司 A、B、C、D、E、F、G 來說好了，每一間公司的 PCB 都有上面那 8 項資訊，其中第一項行程辨別碼以及第二項行程狀態資訊非常重要，尤其是後者，後者的資訊提供了行程是否可以被排程器給丟出或丟進 CPU 裡頭來執行。

各位可以看到，記錄這 8 樣資訊的內容可真不少，且整個看起來就像是一個文字檔的內文（Context）一樣，如果要切換，屆時系統得載入或者是儲存行程的 PCB 也就是上面的那 8 項資訊，而這種切換，我們就稱之為內文切換（Context Switch）。

　　由於內文龐大，所以切換時必須得付出巨額代價，那你會問，既然切換要付出巨額代價，那事情該怎麼辦？這還不簡單，既然切換要付出巨額代價，那最好的辦法就是盡量別切換囉！不然就是使用到後面我們即將會講到的執行緒來處理這事情，這以後再來說吧。

4-8　同步

　　在講解同步之前，先讓我們來看個例子。

　　假設現在有 7 間公司，分別是 A、B、C、D、E、F、G

　　其中：

　　A 公司負責生產橡膠

　　B 公司負責把橡膠成形為娃娃

　　C 公司負責把娃娃給上色

　　D 公司負責給上色後的娃娃穿衣服

　　E 公司負責把穿衣服後的娃娃給包裝起來

　　F 公司負責把包裝好之後的娃娃給運到經銷商那去

　　G 公司負責娃娃的行銷

　　從上面各家公司所負責的業務來看，我們可以得到以下三個結論：

1. 在整個流程當中，A 公司是整個流程的第一也是唯一的起源

2. 從 B 公司開始，前一間公司的生產成果，會運送到後一間公司去，例如：

    A→B（A 公司生產橡膠之後，會把橡膠交給 B 公司去成形為娃娃，以下略）

    B → C

    C → D

    D → E

$E \rightarrow F$

$F \rightarrow G$

3. 後一間公司都必須得等待前一間公司來的產品，如果中間其中一間公司卡住，則後面的公司將會無法運作。

而以上的情況，我們就稱為同步。

4-9 非同步

在講解非同步之前，先讓我們來看個例子。

假設現在又有 7 間公司，也分別是 A、B、C、D、E、F、G

其中：

A 公司負責生產橡膠

B 公司負責把橡膠成形為娃娃

C 公司負責把娃娃給上色

D 公司負責給上色後的娃娃穿衣服

E 公司負責把穿衣服後的娃娃給包裝起來

F 公司負責把包裝好之後的娃娃給運送到經銷商那去

G 公司負責娃娃的行銷

從前一節同步的情況來看，如果其中一間公司卡住的話，則後面的公司會無法工作，因此，現在這間 7 公司打算先各自做自己的本業範圍，直到前一間公司的產品進來之時，才來處理娃娃的工作。

例如以 C 公司來說好了，C 公司負責把娃娃給上色，但是呢，像上色這種工作並不是只能用在娃娃身上，用在陶器身上也可以，你說對吧？

　　所以如果 C 公司的前一間公司 B 公司一直遲遲無法把娃娃給送進 C 公司裡頭去的話，這時候的 C 公司便可以去接其他像是給陶器上色的業務，直到 B 公司把娃娃給送進 C 公司裡頭來之時，屆時 C 公司在給娃娃上色即可。

　　重點是，在這種生產模式當中，後一間公司就不必要苦苦地等待前一間公司來的產品，如果中間其中一間公司卡住的話，後面的公司也可以繼續運作，直到前一間公司的產品進來，屆時在來處理工作即可。

　　以上的情況，我們就稱為非同步。

4-10 互斥

　　在講解互斥之前，先讓我們來看個例子。

　　假設現在又有 7 間公司，也分別是 A、B、C、D、E、F、G

　　其中：

　　A 公司負責生產橡膠，且裡頭有一位員工 H

　　B 公司負責把橡膠成形為娃娃，且裡頭有一位員工 I

　　C 公司負責把娃娃給上色，且裡頭有一位員工 J

　　D 公司負責給上色後的娃娃穿衣服，且裡頭有一位員工 K

　　E 公司負責把穿衣服後的娃娃給包裝起來，且裡頭有一位員工 L

　　F 公司負責把包裝好之後的娃娃給運送到經銷商那去，且裡頭有一位員工 M

　　G 公司負責娃娃的行銷，且裡頭有一位員工 N

七間公司有七位員工，但七間公司卻只共用同一間廁所，情況如下圖所示：

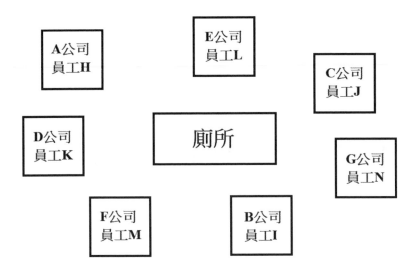

♠ 圖 4-10-1

當公司的員工去上廁所之時，其他公司的員工就無法去上，直到廁所被使用完畢之後，其他公司的員工才能去上廁所，情況如下圖所示：

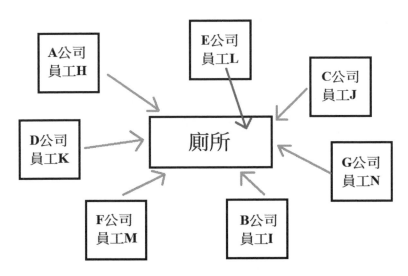

♠ 圖 4-10-2

上圖中，E 公司員工 L 的線條表示員工已經進入廁所，此時廁所正在使用中，其他公司的線條則表示其他公司的員工只能在廁所外面苦苦守候，無法進入廁所使用，而此時進入廁所的 E 公司員工 L 對廁所具有獨佔性，因此，其他公司的員工都無法使用。

像上面的這種情況，我們就稱為互斥。

4-11 同步等待與異步等待

各位都有去過郵局，假設郵局有兩種窗口：

➢ 郵務窗口：特色是不需要抽取號碼牌

➢ 儲匯窗口：特色是必須得抽取號碼牌

我們假設，儲匯窗口跟郵務窗口除了辦理的業務不同之外，就連排隊的方式也不一樣：

➢ 郵務窗口：站在我前面的人辦完事之後下一位就是站在後面的我上前辦事

➢ 儲匯窗口：不需要一直站在窗口前面苦苦等候，前一號碼的人辦完事之後下一個持有號碼的人就可以上前去窗口辦事

所以我們可以歸納出：

➢ 像郵務窗口這樣子的等待方式，我們就稱之為同步等待

➢ 像儲匯窗口這樣子的等待方式，我們就稱之為異步等待

同步等待好理解，就只是一串人在排隊，前面的人處理完事情之後就輪到下一位排在後面的人。

異步等待的話，則是排隊者會等待被叫號碼，當被叫到號碼時（事件觸發），此時櫃台服務人員（觸發機制）會通過號碼（機制）來找到手持號碼的人。

不管是同步等待也好，異步等待也罷，全都是在等待消息，之後來處理事情。

4-12 阻塞與非阻塞

阻塞和非阻塞的概念是這樣，讓我們沿用上一節所講解過的內容。

不管是直線排隊還是抽號碼牌來排隊，如果在排隊之時「不能」打手機、看寫真或者是做其他事情的話，我們就稱這種情況為「阻塞」，反之，「能夠」在排隊時打手機、看寫真或者是做其他事情的話，我們就稱這種情況為「非阻塞」。

4-13 信號量與計數器

假設現在我們的女神波波要出來舉辦感恩簽名會，簽名會的布置與人流的移動方向如下圖所示：

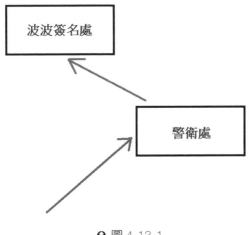

♠ 圖 4-13-1

由於簽名會當天現場的粉絲人數眾多，所以不可能一次就把粉絲給全都引到波波簽名處那裡，而是當粉絲們一到達會場之時，一開始便會先循著圖中下面的線條到達警衛處報到，為此，大會對於當天的簽名流程規定如下：

1. 當粉絲到達警衛處之時，會獲得通行證

2. 警衛處裡頭的警衛手上握有計數器，且計數器一開始設定為 10（人）

3. 每當有 1 個人從警衛處出發走向波波簽名處之時，警衛手上的計數器便會減 1

4. 當粉絲到達波波簽名處之時，必須亮出通行證

5. 如果計數器上的數字大於 0，則警衛處可以把粉絲繼續放進波波簽名處，反之，若計數器上的數字為 0，則表示波波簽名處那已經擠滿 10 個人，此時警衛處不能再放任何一位粉絲到波波簽名處

6. 波波簽名處那如果有 1 個人離開，則警衛手上的計數器便會加 1

7. 粉絲簽完名，離開波波簽名處之後，便會把通行證給丟掉

在上面的故事中，計數器負責控制人數，而通行證，則是所謂的信號量。

4-14 再創行程

A 公司是專門在經營披薩店，由於經營得當，因此，A 公司想要創建另一間公司 B，這時候 A 公司可以做兩個決定：

1. 創建一間跟 A 公司性質相同的 B 公司，例如 B 公司也是開披薩店

2. 創建一間跟 A 公司性質不相同的 B 公司，例如 B 公司是開豆干店

B 公司創立後，AB 兩間公司之間就有了一種對應的母子（或父子）關係，因此我們稱 A 公司為母公司（或父公司），而 B 公司為子公司，圖示如下所示：

A
↓
B

🎧 圖 4-14-1

你會問，A 公司是不是只能創建一間子公司？以及，若 B 公司經營得當，那屆時能不能以 B 公司為母公司，然後以母公司的身分來創建子公司 C？以上的問題當然全都可以，所以這時候的情況就如下圖所示：

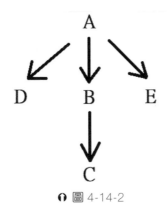

♪ 圖 4-14-2

上圖中，A 是母公司，DBE 是子公司，至於 C 公司則是由 B 公司所創建，所以 B 公司同時具有子公司與母公司的雙重身分。

好了，以上講的就是公司的創建，現在讓我們回到電腦。我們的行程就跟公司很像，都可以在原有的行程上再創建一個新的行程，例如 A 行程創建 B 行程，此時的 A 行程我們稱之為父行程，而 B 行程我們稱之為子行程。

至於行程的資源（例如記憶體或 I/O 等）方面，其來源有兩個：

1. 由系統分配

2. 由父行程分配

最後，前面說過，當行程執行完畢之時，行程便會自己自動消失，而我們的子行程在運行完畢且自己要自動消失之前，會傳送一個結束消息給父行程，並且把資源交回給系統。

4-15 callback 函數簡介

假設現在有一台飲料販賣機和一台會說話的感謝機，飲料販賣機的基本構造長這樣：

```
飲料販賣機（飲料 甜度 冰塊 感謝機）{
        飲料＝飲料
        甜度＝甜度
        冰塊＝冰塊
        產品＝混合（飲料，甜度，冰塊）
        給客人（產品）
        感謝機
}
```

依據客人的性別，感謝機的基本構造長這樣：

```
男生感謝機 {
    說出（"感謝主人下次光臨"）
}

女生感謝機 {
    說出（"感謝女王下次光臨"）
}
```

飲料販賣機的操作方式非常簡單，只要有客人上門，點了飲料，並且設定好甜度、冰塊之後，最後選一台客人要的感謝機來歡送客人即可。

回到現場，依據客人的狀況我們可以分成兩種：

1. 假如客人是男性，他點的是咖啡，且設定半糖少冰，最後點選男生感謝機的話，則這位男性客人對飲料販賣機的操作方式是：

STEP 1 準備操作飲料販賣機：

```
飲料販賣機（飲料 甜度 冰塊 感謝機）{
        飲料＝飲料
        甜度＝甜度
        冰塊＝冰塊
        產品＝混合（飲料，甜度，冰塊）
        給客人（產品）
        感謝機
}
```

STEP 2 動手操作飲料販賣機，此時對飲料販賣機設定咖啡、半糖、少冰與男生感謝機：

```
飲料販賣機（咖啡 半糖 少冰 男生感謝機）{
        飲料 = 飲料
        甜度 = 甜度
        冰塊 = 冰塊
        產品 = 混合（飲料，甜度，冰塊）
        給客人（產品）
        感謝機
}
```

STEP 3 把條件給丟進飲料販賣機裡頭去：

```
飲料販賣機（咖啡 半糖 少冰 男生感謝機）{
        飲料 = 咖啡
        甜度 = 半糖
        冰塊 = 少冰
        產品 = 混合（飲料，甜度，冰塊）
        給客人（產品）
        感謝機
}
```

STEP 4 開始混合條件：

```
飲料販賣機（咖啡 半糖 少冰 男生感謝機）{
        飲料 = 咖啡
        甜度 = 半糖
        冰塊 = 少冰
        產品 = 混合（咖啡，半糖，少冰）
        給客人（產品）
        感謝機
}
```

STEP 5 產出客人要的產品，也就是半糖少冰的咖啡：

```
飲料販賣機（咖啡 半糖 少冰 男生感謝機）{
        飲料 = 咖啡
        甜度 = 半糖
        冰塊 = 少冰
        半糖少冰的咖啡 = 混合（咖啡，半糖，少冰）
        給客人（產品）
        感謝機
}
```

STEP 6 把產出給客人的產品 - 半糖少冰的咖啡交給客人：

```
飲料販賣機（咖啡 半糖 少冰 男生感謝機）{
        飲料 = 咖啡
        甜度 = 半糖
        冰塊 = 少冰
        半糖少冰的咖啡 = 混合（咖啡，半糖，少冰）
        給客人（半糖少冰的咖啡）
        感謝機
}
```

STEP 7 男生感謝機啟動，此時客人會聽到"感謝主人下次光臨"：

```
飲料販賣機（咖啡 半糖 少冰 男生感謝機）{
        飲料 = 咖啡
        甜度 = 半糖
        冰塊 = 少冰
        半糖少冰的咖啡 = 混合（咖啡，半糖，少冰）
        給客人（半糖少冰的咖啡）
        男生感謝機
}
```

2. 假如客人是女性，她點的是紅茶，且設定全糖去冰，最後點選女生感謝機的話，則這位女性客人對飲料販賣機的操作方式是：

STEP 1 準備操作飲料販賣機：

```
飲料販賣機（飲料 甜度 冰塊 感謝機）{
        飲料 = 飲料
        甜度 = 甜度
        冰塊 = 冰塊
        產品 = 混合（飲料，甜度，冰塊）
        給客人（產品）
        感謝機
}
```

STEP 2 動手操作飲料販賣機，此時對飲料販賣機設定紅茶、全糖、去冰與女生感謝機：

```
飲料販賣機（紅茶 全糖 去冰 女生感謝機）{
        飲料 = 飲料
        甜度 = 甜度
```

```
        冰塊 = 冰塊
        產品 = 混合（飲料，甜度，冰塊）
        給客人（產品）
        感謝機
}
```

STEP 3 把條件給丟進飲料販賣機裡頭去：

```
飲料販賣機（紅茶 全糖 去冰 女生感謝機）{
        飲料 = 紅茶
        甜度 = 全糖
        冰塊 = 去冰
        產品 = 混合（飲料，甜度，冰塊）
        給客人（產品）
        感謝機
}
```

STEP 4 開始混合條件：

```
飲料販賣機（紅茶 全糖 去冰 女生感謝機）{
        飲料 = 紅茶
        甜度 = 全糖
        冰塊 = 去冰
        產品 = 混合（紅茶，全糖，去冰）
        給客人（產品）
        感謝機
}
```

STEP 5 產出客人要的產品，也就是全糖去冰的紅茶：

```
飲料販賣機（紅茶 全糖 去冰 女生感謝機）{
        飲料 = 紅茶
        甜度 = 全糖
        冰塊 = 去冰
        全糖去冰的紅茶 = 混合（紅茶，全糖，去冰）
        給客人（產品）
        感謝機
}
```

STEP 6 把產出給客人的產品 - 全糖去冰的紅茶交給客人：

```
飲料販賣機（紅茶 全糖 去冰 女生感謝機）{
        飲料 = 紅茶
        甜度 = 全糖
        冰塊 = 去冰
        全糖去冰的紅茶 = 混合（紅茶，全糖，去冰）
        給客人（全糖去冰的紅茶）
        感謝機
}
```

STEP 7 女生感謝機啟動，此時客人會聽到"感謝女王下次光臨"：

```
飲料販賣機（紅茶 全糖 去冰 女生感謝機）{
        飲料 = 紅茶
        甜度 = 全糖
        冰塊 = 去冰
        全糖去冰的紅茶 = 混合（紅茶，全糖，去冰）
        給客人（全糖去冰的紅茶）
        女生感謝機
}
```

在上面的例子中，感謝機就是回呼機器，意思就是，當飲料販賣機先執行完飲料的製造以及把製造完後的產品交給了客人之後，最後再呼叫感謝機，講白一點就是機器先執行完它份內的工作之後再呼叫別台機器的意思。

回到我們的電腦，回呼機器（也就是上面所說的感謝機）就是我們的 callback 函數，在上面的例子中，感謝機就是 callback 函數。

callback 函數通常會搭配像是函數 setTimeout（由程式語言 JavaScript 所提供），並造成同步與非同步的情況出現，而關於這問題，我們暫時先不聊，各位只要知道 callback 函數的意義即可。

4-16 行程的最後衝刺

走到這兒，我們對於行程（公司）以及行程內的執行緒（公司裡頭的員工）都已經有個大概的認識與了解，剩下的部分就是對行程做幾個小補充，並結束我們對行程的介紹，首先是：

一、獨立行程與合作行程

1. 獨立行程：例如觀光農業工廠，觀光農業工廠自己種蔬菜，自己對蔬菜加工，自己把對加工後的蔬菜來行銷給消費者，像這種不需要其他公司工廠的支援或援助的公司，就是獨立行程。

2. 合作行程：就是像在同步與非同步那兩節所提到的那樣，從製造到行銷，不是只由一間公司或工廠來獨立完成，而是由許多公司或工廠來共同合作完成的行程，而像這種行程，我們就稱之為合作行程。

二、行程間通訊

　　直接通訊：例如像在同步與非同步那兩節所提到的那樣，一間公司的產品直接輸入給下一間公司，像是 A 公司負責生產橡膠，生產完橡膠之後，直接把橡膠交給 B 公司，而 B 公司負責把橡膠成形為娃娃，情況如下圖所示：

♠ 圖 4-16-1

　　間接通訊：假設現在有 AB 兩間公司，A 公司負責生產橡膠，B 公司負責把橡膠成形為娃娃，且 AB 兩公司之間有個產品放置盒，當 A 公司把橡膠給生產完畢之後，便會把橡膠給丟入產品放置盒裡頭去，此時的 B 公司便會從產品放置盒當中來間接取出橡膠，情況如下圖所示：

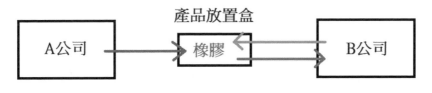

♠ 圖 4-16-2

三、緩衝區

假設現在負責生產橡膠的 A 公司要分送四批橡膠給 B 公司去做加工,但四批一次給 B 公司,B 公司會因為成形娃娃的速度比較慢,而 A 公司傳遞橡膠的速度比較快,所以如果把橡膠從 A 公司傳送給 B 公司的話,這時候如果 B 公司裡頭還在對橡膠持續成形中,此時的 A 公司就得不斷地在 B 公司的門外等待,直到 B 公司把橡膠給成形完之後,送出 B 公司,最後 A 公司才把橡膠交給 B 公司,如此一來,就會造成 A 公司必須得在 B 公司的門外苦苦等候,進而造成浪費 A 公司的寶貴時間。

因此,A 公司和 B 公司雙方便約定好,A 公司會把橡膠以排隊的方式,分別地放入產品放置盒之內,等 B 公司把現有的橡膠,也就是下圖中的 4 號橡膠給成形為娃娃,並送出 B 公司之後,此時的 B 公司才派人去產品放置盒之內取出橡膠,也就是取下圖的 8 號橡膠回 B 公司裡頭成形為娃娃,情況如下圖所示:

🎧 圖 4-16-3

而產品放置盒就是所謂的緩衝區(緩衝區是個記憶體)。

四、行程間通訊

這分兩種:

1. 同一個政府底下的兩間公司互相通訊:例如高雄市政府轄區內的兩間公司互相通訊。

2. 不同一個政府底下的兩間公司互相通訊:例如大阪市政府轄區內的 A 公司與高雄市政府轄區內的 B 公司互相通訊,而這部分的通訊通常會涉及到網路連線。

4-17 再論執行緒

一、執行緒的概念複習

　　執行緒，這個名詞其實我們已經在前面有稍微地提到過了，那時候我說，如果把行程給比喻成公司的話，那執行緒就是公司裡頭的人，換言之也就是老闆與員工。

　　在早期的電腦設計中，一個行程就是一個執行緒，也就是一間公司裡頭只能有一位老闆，而公司上下的大小事情全都交由這位老闆一人來處理，但現在事情可不一樣了，現在的情況是，一個行程裡頭可以有非常多的執行緒在工作，這就像一間公司裡頭除了一位老闆之外，這位老闆還可以聘請多位員工來處理公司事務。

　　講到此，各位可以想想為什麼要有執行緒嗎？各位還記得我們的婚禮吧？如果婚禮中只有一位婚禮負責人在主持整個流程，要是婚禮負責人被其中一件事情給卡住的話，那這位婚禮負責人對於婚禮後面的流程豈不是全都不用繼續執行下去了？所以，正因為婚禮負責人聘請員工，讓員工能夠做很多事情，因此，整個婚禮看起來就像是活起來的一樣，而不是死氣沉沉。

　　同樣的情況讓我們回到電腦，假設現在有一款名為宇宙飛艇大作戰的遊戲，遊戲內容是主角駕駛著太空飛機去打也同樣是駕駛著太空飛機的壞人，而打到每一關的最後，不但魔王會出來，而且魔王的身邊還會出現許多小跟班一起來攻擊你。

　　現在，讓我們針對上面的遊戲來做兩種設計：

1. 如果遊戲是單執行緒的話：那主角與敵人，只有一個在動，其他全都靜止不動。

2. 如果遊戲是多執行緒的話：那主角與敵人，全都可以同時動作。

　　第一種設計方法也可以設計遊戲，但遊戲一次只有一個對象在執行，其他的對象全都靜止不動，例如說只有主角在動，而其他的敵人等全都靜止不動，像用這種方式也是可以來做遊戲，但遊戲做起來的結果卻是不近人情，並且毫無生氣。

　　至於第二種設計方式那可就不一樣了，由於第二種設計方式使用了多執行緒這種設計技巧，因此，多執行緒便可以讓主角、壞人以及大魔王等藉由 CPU 的分時方法來切換這些角色，由於 CPU 的切換速度如此之快，快到讓你幾乎感覺到這整個遊戲的全部角色都是在同時執行（嚴格的同時是無先無後，但我們這裡的同時只是 CPU 在快速切換上的一種錯覺，所以勉強稱之為同時），也因此，通常我們的遊戲就是使用多執行緒的方式來做設計。

二、執行緒的構造解說

　　前面說過，執行緒就像是公司裡頭的員工一樣，那你想想，身為員工會有什麼樣的基本特徵？這其實就跟我們的公司一樣，不外乎就是：

1. 員工編號
2. 辦公桌（主要是提供抽屜）

　　　.

　　　.

　　　.

　　等等

同樣，我們的執行緒也是要有：

1. 執行緒識別碼
2. 執行緒狀態
3. 程式計數器
4. 暫存器
5. 堆疊

　　看到這，你有沒有覺得上面的內容很熟悉？沒錯，內容簡直就跟前面的行程一模一樣，所以囉，執行緒又被稱作為輕量級行程。由於上面的內容在我們前面的課程裡頭我們全都已經說過了，不熟悉的各位可以翻翻前面的課程內容之後就知道了，因此這裡我就不再多說。

三、執行緒的優缺點

優點部分：

1. 資源共享：資源共享的概念就好像公司裡頭的公共用水都能夠讓大家來共用一樣。

2. 分攤工作：許多工作可以分給多個執行緒來執行，讓整個程式活起來。

缺點部分：

1. 創建執行緒需要耗費很大的代價，就好像招聘員工需要花費很大的人事成本一樣。

2. 執行緒與執行緒之間若有要存取同一個記憶體區塊之時，這時事情就得小心處理。

關於缺點的第 2 點，所牽涉到的問題就是前面所講解過的互斥等問題，如果處理不當，會造成誰也不讓誰的死結等問題，所以在以前，能夠處理或設計執行緒的人一定都是高手。

四、執行緒的種類

員工有兩種：1. 平民百姓、2. 政府人員。

我相信，這兩種人在管制上應該不一樣，因為前者比較不會接觸到政府機密文件，所以比較單純，而平民老百姓我們稱之為使用者執行緒，發生在使用者階層上。

至於後者有別於前者，在此稱政府人員為核心執行緒，且發生在核心階層上。

讓我們來看個表：

討論對象	使用者執行緒	核心執行緒
發生地	使用者階層	核心階層
支援與管理	核心支援，使用者管理	核心支援，核心管理

🎧 表 4-17-1

五、執行緒的創建方式

透過程式語言所提供的函數又或者是作業系統所提供的 API 函數來創建即可。

最後，補充一點關於執行緒 Library 的內容：

1. 在使用者階層內：Library 中已經有執行緒的存在，不需要向核心要求再增加執行緒，且作業系統不知道這些執行緒的存在。

2. 核心級階層：Library 中已經有執行緒的存在，而且也可以向核心要求再增加執行緒，主要是作業系統已經知道這些執行緒的存在。

六、停下執行緒

如果把一件任務交給已經分配好工作的 10 位員工去處理，要是在執行的過程中，意外地命令或強迫其中的 1 位或幾位員工臨時停下各自的工作的話，那事情會怎樣？

1. 如果其中 1、2 位員工的工作內容不打緊，最後工作還是可以交差

2. 如果其中 1、2 位員工的工作內容很打緊，最後工作必然無法交差

我們的執行緒也是一樣，假如現在有 A、B 兩執行緒，A 執行緒工作，並且把工作後的產出結果交給 B 執行緒，B 接收後繼續工作，如果這時候 A 執行工作到一半，此時便強制停止 A 繼續工作的話，這時候 B 便會拿不到從 A 來的執行結果，屆時就會導致 B 無法後續的工作，嚴重時會影響到後面甚至是整個程式的運行結果，所以計畫外地停下、中止甚至是終止執行緒是一件非常危險的事情，做之前必須得三思。

七、執行緒池

各位有沒有想過一件事情，公司要聘請員工不是一件很容易的事情，如果只叫一位員工在做完一件事情之後就立刻解雇這位員工，要是事後還需要這位員工的話，那事情豈不是會非常麻煩？

所以囉，政府會很貼心地設定一個小房間，小房間裡頭會聚集許多位員工，如果公司需要用到某位員工的話，公司只要直接從小房間裡頭來找人，要是找到

適合的員工,那就把人給帶回去公司裡頭去上班,這樣就不用再去招聘新員工,當然啦!要是公司在小房間之內真找不到人的話,屆時公司再來招聘新員工即可,而這個小房間,就是執行緒池。

八、總結

執行緒好比員工,是真正在工作的工作者,不但如此,出於執行因素,執行緒本身還帶有競爭特質,會跟別的執行緒來競爭,目的是能夠搶入 CPU 裡頭來執行工作。毫無疑問,多個執行緒之間可以共用資源,當然也可以分工合作,但話雖如此,創建執行緒需要耗費很大的代價,因此,才有了執行緒池的這個概念。

4-18　死結

已知:A、B、C 三個人在同一張桌子上泡茶,且此時桌上放著方糖、冰糖與果糖。

情境一

A 說,先放熱水才放茶包;但 B 卻說,先放茶包才放熱水,兩人為此**僵持不下**,導致**熱水和茶包誰都無法放**,像這種情況就是死結。

情境二

A、B、C 三人在泡茶時約定好要等待所有人都放了冰糖之後三人才開始喝茶,這時:

A 等 B 放冰糖

B 等 C 放冰糖

C 等 A 放冰糖

在這種**互相等待**的情況之下,由於**誰都不會先放冰糖**,所以**也沒有人開始喝茶**,像這種情況也是死結。

情境三

A 手上有方糖，B 手上有冰糖

A 與 B 兩人要交換糖，其中 A 手上正拿著方糖，並等 B 把冰糖拿過來給 A，而 B 手上拿著冰糖，卻又等待 A 把方糖過來給 B，由於 AB 雙方都在互相等待對方動作，所以就會造成誰也不會動作，因此，整個事情就卡在那邊，而這種卡住，也是死結。

所以從上面的例子來看，死結的定義就是**動彈不得**。

講解完了死結的定義之後，接下來讓我們來看看死結發生的條件，死結的發生必須要有一定的條件才有可能會出現，而這些條件一共有四個，且這四個必須得同時發生之時，死結的情況才有可能會出現，還是一樣，讓我們回到 A、B、C 三人的泡茶故事：

條件一

A 需要方糖，但方糖卻被 B 拿去佔用，此時只有當 B 用完方糖之後，A 才能使用方糖，像這種情況就稱為互斥。

條件二

B 佔有方糖，但卻又在等待冰糖，但此時冰糖卻被 A 給佔有，且 B 沒有放出方糖的意願，像這種情況就稱為佔有與等待。

條件三

B 佔有方糖，當 B 未向自己的茶杯內加完方糖的話，不會放出方糖給 A 用，像這種情況就稱為無搶先機制。

條件四

A、B、C 三人正準備要對自己的茶加糖，A 要加方糖，但方糖卻被 B 給佔有，B 要加冰糖，但冰糖卻被 C 給佔有，C 要加果糖，但果糖卻被 A 給佔有，像這種情況就稱為循環等待。

最後，我們要來順著上面的情況來想想如何解決死結的辦法，有兩處可下手：

1. 改變人：例如說情境一，本來有 AB 兩人，現在只有 A 或 B 一個人
2. 改變糖：強迫某人把糖給放出來，進而打破死結的局面

在上面的例子中：

故事名詞	電腦中有名詞
A、B、C 三個人	執行緒
方糖、冰糖與果糖	資源

♠ 表 4-18-1

Note

Chapter 05

記憶體與虛擬記憶體概說

5-1 對記憶體與虛擬記憶體的簡介

本節,我們要來講解記憶體與虛擬記憶體的基本概念。

一、記憶體的基本概念

有一個國家叫做風俗國,風俗國裡頭有一個波多野市,波多野市的土地長這樣:

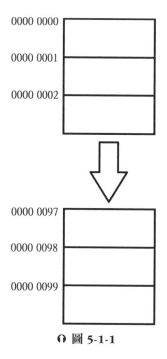

① 圖 5-1-1

上圖的箭頭表示中間所省去的連續格子,換言之,一塊土地總共被分成了 100 等分,且每等分都被標上了地址,例如第 0 片土地的地址是 0000 0000,而第 1 片土地的地址是 0000 0001。

土地的地址概念就跟我們日常生活中的地址一模一樣,例如說第 0 片土地的地址是風俗國波多野市片片路 0 段 0 號,而第 1 片土地的地址是風俗國波多野市片片路 0 段 1 號一樣,只是這裡我們不用像是「風俗國波多野市片片路 0 段 0 號」或「風俗國波多野市片片路 0 段 1 號」這樣子的語言文字來描述,而是用 0000 0000 與 0000 0001 這樣子的數字地址來代替文字地址。

從上面的描述當中我們可以知道，波多野市的土地面積其實是非常有限，就因為有限，所以土地價格自然也就相當昂貴。

講完了前面，現在我們的問題終於來了。

假如你現在是風俗國波多野市政府土地暨資源管理局當中的一位科員，有一天，你的上級主管告訴你，現在有若干間公司想要進駐本市的土地，這時候你該怎麼把公司合理地配置到有限的土地上？換言之，你要如何對這片被分成 100 格的土地來做最有效的規劃與管理？

讓我們來針對以上的情況來設想幾種情境以及當中的幾種解法：

情境一、每間公司只佔用 1 格土地

第一種解法、公司數量少於 100，例如只有 20 間公司，且每 1 間公司只佔用 1 個格子：在這種情況之下，由於土地面積被分成了 100 格，且每 1 間公司又只佔用其中的 1 格，所以總共只佔用了 20 格，在這種情況之下，**土地絕對夠用**。

第二種解法、公司數量等於 100，例如剛好有 100 間公司，且每 1 間公司只佔用 1 個格子：在這種情況之下，由於土地面積被分成了 100 格，且每 1 間公司又只佔用其中的 1 格，所以總共只佔用了 100 格，在這種情況之下，**土地也絕對夠用**。

第三種解法、公司數量大於 100，例如現在有 500 間公司，且每 1 間公司只佔用 1 個格子：在這種情況之下，由於土地面積被分成了 100 格，且每 1 間公司又只佔用其中的 1 格，所以總共佔用了 500 格，在這種情況之下，**土地絕對不夠用**。

情境二、每間公司所佔用的土地格數不一定相同

第一種解法、公司數量少於 100，例如只有 20 間公司，且每 1 間公司只佔用 2 個格子：在這種情況之下，由於土地面積被分成了 100 格，且每 1 間公司又只佔用其中的 2 格，所以總共只佔用了 40 格，在這種情況之下，**土地絕對夠用**。

第二種解法、公司數量等於 100，例如剛好有 100 間公司，且每 1 間公司只佔用 2 個格子：在這種情況之下，由於土地面積被分成了 100 格，且每 1 間公

司又只佔用其中的 2 格，所以總共佔用了 200 格，所以在這種情況之下，**土地絕對不夠用**。

第三種解法、公司數量大於 100，例如現在有 500 間公司，且每 1 間公司只佔用 2 個格子：在這種情況之下，由於土地面積被分成了 100 格，且每間公司又只佔用其中的 2 格，所以總共佔用了 1000 格，所以在這種情況之下，**土地也絕對不夠用**。

第四種解法、公司數量少於 100，例如只有 3 間公司，第一間公司佔用 27 個格子，第二間公司佔用 48 個格子，第三間公司佔用 39 個格子：在這種情況之下，由於土地面積被分成了 100 格，且每 1 間公司所佔用的格數均不相同，所以總共佔用了 114 格，在這種情況之下，**土地也絕對不夠用**。

從上面的論述來看，我們可以得出一個重要的結論：

不論公司有幾間，也不論每間公司所佔用的格數有多少，只要全部公司所佔用的總格數不超過土地的總格數 100 的話，那土地就絕對夠用，反之，土地就絕對不夠用（等於的情況則是另外考慮）

以上的內容就是在說明土地以及如何在土地上配置公司的情況。

回到我們的電腦，在前面的課程當中，我曾經使用過土地以及籃子等來描述記憶體，但不管是土地也好、籃子也罷，整個核心重點全都在說明一件事情，那就是記憶體跟土地以及籃子的概念很像，全都具有存放或儲存的功能在，而我們的行程，就是上面所說過的公司會被載入記憶體，這情況就好像公司被安置在土地上面的情形一樣，因為當行程被載入進記憶體之時，CPU 便會循著記憶體位址，也就是上面所說的數字地址 0000 0000 或 0000 0001 等依次地來把機械碼給取出來之後運算之。

記憶體的概念講完了，現在，就讓我們來講講虛擬記憶體的基本概念。

二、虛擬記憶體的基本概念

剛剛我們說到土地，大家也都看到了，風俗國波多野市的土地可說是寸土寸金，但好死不死，風俗國波多野市的旁邊竟然有一座無人島，而在這座無人島的土地上有 70 個格子，且每個格子也都有數字地址，情況如下圖所示：

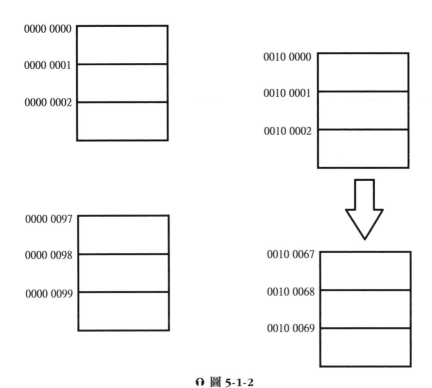

∩ 圖 5-1-2

　　假設現在有 50 間公司，每間公司佔用波多野市的 2 格土地，照上面的安排，波多野市的 100 格土地一定會被全部佔滿，這時候如果還有其他的公司，例如說第 51 間、第 52 間等公司也打算要進駐波多野市的這塊土地來經營，但問題是現在波多野市的土地根本就不夠用，那這時候身為風俗國波多野市政府土地暨資源管理局科員的你該怎麼處理？

　　我想，我們可以這麼想：

　　第一種解法、既然是 50 間公司，且每間佔用 2 個格子，那就把比較不重要的幾間公司暫時地從波多野市的 100 格土地當中，給遷移到隔壁的無人島上去，等需要這些公司，且波多野市的土地上有空格子出現的話，屆時再把這些公司給遷回來波多野市的 100 格土地上的其中幾個空格即可，這樣一來就會讓波多野市的土地臨時出現幾個空格子，而這些空格子便可以讓其他的第 51 間、第 52 間等公司來進駐。

第二種解法、把其他的第 51 間、第 52 間等公司給暫時地安置到無人島上去待命，等波多野市的那 100 格土地上要是有公司遷走，屆時出現空地後再來安排這些公司進駐波多野市的那 100 格土地當中的其中幾個空格。

從上面的情況來看，像無人島這種地方，也是一塊土地，差別只在於，無人島是暫時安置公司的一塊土地。

讓我們回到電腦，記憶體就是波多野市的土地，但問題是，記憶體（波多野市的土地）並不是都夠用，例如說假設一個行程（公司大小）有 300MB，但記憶體（波多野市的土地面積）只有 80MB，所以這時候就需要一個輔助用的設備來儲存行程內的指令與資料，而這個輔助用設備，我們就稱之為虛擬記憶體，也就是上面所說的無人島。

最後，讓我們來對上面做個歸納：

故事名詞	專有名詞
波多野市的土地	記憶體
無人島	虛擬記憶體

Ω 表 5-1-1

PS：補充一點，公司營業一定都得在波多野市的土地上，不會在無人島上營業，換言之：

1. CPU **不會**直接把虛擬記憶體給當成記憶體，然後直接存取虛擬記憶體上的資料與指令來做運算。

2. 根據第一點，虛擬記憶體裡頭的資料與指令一定得**置換**回記憶體當中，接著讓 CPU 去擷取記憶體當中的指令與資料來做運算。

3. 嚴格來說，虛擬記憶體通常是磁碟上的一塊空間，但也可以是執行檔（例如下面的 Line）：

Ω 圖 5-1-3

的空間，兩者名稱相同，但意義不同。

5-2 分頁的基本概念

在講解分頁的基本概念之前，讓我們先回想表格：

結婚申請書		
香蕉市政府	市長：王芭樂	申請日期：2020/11/10
內文		
第 1 行	大明今年 25 歲	備註：男方姓名
第 2 行	阿花今年 18 歲	備註：女方姓名
第 3 行	大明和阿花要結婚	備註：事由
中間有 100 行	中間有 100 件事情	備註：略
第 104 行	新郎要走向 A 桌去跟 A 桌的 10 位賓客敬酒	
中間有 200 行	中間有 200 件事情	備註：略
第 305 行	新娘要走向 B 桌去跟 B 桌的 20 位賓客敬酒	
中間有 700 行	中間有 700 件事情	備註：略
第 1006 行	婚禮要辦在離香蕉市政府外 100 公里處的大教堂	備註：舉辦地點
中間有 499 行	中間有 499 件事情	備註：略
第 1506 行	送入洞房	備註：略
第 1507 行	婚禮結束	

♬ 表 5-2-1

如果我們現在把這張表格給拆開，並且把全部的文字都給擠在一起的話，那情況就會像這樣（上表的前三行都有內容，為了解說，我繼續填補第 4 行以及之後的內容）：

結婚申請書香蕉市政府市長：王芭樂申請日期：2020/11/10 內文第 1 行大明今年 25 歲備註：男方姓名第 2 行阿花今年 18 歲備註：女方姓名第 3 行大明和阿花要結婚備註：事由第 4 行市長王芭樂來到結婚會場第 5 行市長王芭樂跟今年 25 歲的大明握手寒暄第 6 行市長王芭樂跟今年 18 歲的阿花握手寒暄第 7 行市長王芭樂跟大明的爸爸握手寒暄第 8 行市長王芭樂跟大明的媽媽握手寒暄

第 9 行市長王芭樂跟阿花的爸爸握手寒暄第 10 行市長王芭樂跟阿花的媽媽握手寒暄……以下略。

看到上文的內容之後，請問你有什麼感想？你一定會想，弄這文章的人不是整人嗎？而且上文還只是一部分而已，別忘了，表格的內文總共有 1507 行，要是把這 1507 行全部擠在一張寬 25 公分 * 長 10000 公分的一張紙上，任誰看了這紙上的內容也都會頭暈，你說對嗎？所以現在該怎麼辦？讓我們先把上面的文章給逐一拆開，並且弄上編號，情況如下表所示：

0000 0000	結	婚	申	請	書	香	蕉	市	政	府
0000 0010	市	長	：	王	芭	樂	申	請	日	期
0000 0020	：	2020	/	11	/	10	內	文	第	1
0000 0030	行	大	明	今	年	25	歲	備	註	：
0000 0040	男	方	姓	名	第	2	行	阿	花	今
0000 0050	年	18	歲	備	註	：	女	方	姓	名
0000 0060	第	3	行	大	明	和	阿	花	要	結
0000 0070	婚	備	註	：	事	由	第	4	行	市
0000 0080	長	王	芭	樂	來	到	結	婚	會	場
0000 0090	第	5	行	市	長	王	芭	樂	跟	今
0000 0100	年	25	歲	的	大	明	握	手	寒	暄
0000 0110	第	6	行	市	長	王	芭	樂	跟	今
0000 0120	年	18	歲	的	阿	花	握	手	寒	暄
0000 0130	第	7	行	市	長	王	芭	樂	跟	大

0000 0140	明	的	爸	爸	握	手	寒	暄	第	8
0000 0150	行	市	長	王	芭	樂	跟	大	明	的
0000 0160	媽	媽	握	手	寒	暄	第	9	行	市
0000 0170	長	王	芭	樂	跟	阿	花	的	爸	爸
0000 0180	握	手	寒	暄	第	10	行	市	長	王
0000 0190	芭	樂	跟	阿	花	的	媽	媽	握	手
0000 0200	寒	暄	……以下略							

∩ 表 5-2-2

上表的內容很簡單，就只是表格中的一個編號對應一個文字，例如說編號 0000 0000 對應到的是「結」這個字，而編號 0000 0001 所對應到的則是「婚」這個字，後面以此類推。

我們在前面說過，表格中的內文會被放置進籃子當中，放置後由政府執行員來讀取後運算，現在各位可以想想，上面的表格如果一直編下去，那這個表格可是要編得多長，不但長，想必籃子的數量也是要夠多，你說對嗎？像下面的情況（為了簡便說明，只畫出部分而已）：

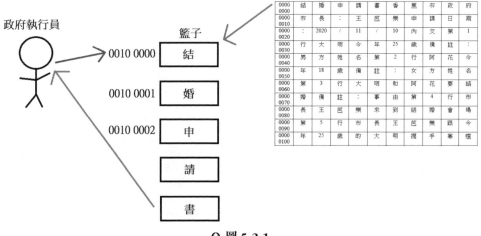

∩ 圖 5-2-1

上圖中，政府執行員是 CPU，籃子是記憶體，籃子的編號則是記憶體位址，而格子的編號為**表格編號**

上圖是說，表格內的文字或符號會依序地被丟進籃子當中，接著由政府執行員從籃子當中來讀取籃子內的文字或符號，注意，在此例中，表格上的編號會依序地對應到籃子上的編號，像是表格編號 0000 0000 對應到籃子編號 0010 0000，對應到之後把表格編號 0000 0000 所對應到的文字「結」給丟進籃子編號 0010 0000 裡頭去，同理，表格編號 0000 0001 對應到籃子編號 0010 0001，對應到之後把表格編號 0000 0001 所對應到的文字「婚」給丟進籃子編號 0010 0001 裡頭去，後續以此類推。

現在問題來了，如果籃子的數量不夠多的話，那這時候該怎麼辦呢？這時候的情況就跟你用信用卡買東西的意思是一樣的，既然手頭上的現金沒那麼多，那分期付款不就好了嗎？

同理，既然表格的數量那麼多，而現在又無法一次就把表格內的文字給全部地丟進為數不夠的籃子裡，那這時候就把表格給像信用卡金額那樣，以分割的方式來分期付款，而這種對表格的分割，就像把一本書給拆成一頁一頁的那樣，然後把每一頁給丟進籃子裡頭去這樣不就好了？例如說，現在只有 18 個籃子，為求整數，我們就以表格的 6 個格子為一頁，然後把這一頁的文字、符號以及數字等給載入籃子當中，而當這一頁執行完畢之後就把這一頁從籃子之內給取出來，接著換別頁進入籃子裡頭去執行，這樣一來就解決了籃子不夠的問題。

以上講的只是針對日常生活當中的概念，請注意，上面的敘述跟電腦的運作原理不是完全相符，接下來讓我們回到電腦。

我們說，表格就好像在完成一件事情一樣，因此可以用行程這個概念來解釋，而行程則是由資料與指令所組合而成，而這些資料與指令，最終會被載入進記憶體裡頭去，接著被 CPU 給讀取後執行，由於表格只是一種格式（在 Windows 作業系統底下則是 PE 格式），是一種抽象的描述方式，重點是，表格內的資料與指令都很長，不一定一次就能夠全部被載入進記憶體當中，因此我們才會把這些資料與指令以分頁的方式來處理，目的就是讓 CPU 能夠以連續不間斷的方式去讀取這些資料與指令。

最後，結合前面我們所講解過的虛擬記憶體，原則上如果記憶體的容量不夠，當程式執行時，行程的一部分會先被載入進記憶體當中，並且適時地以分頁的方式，來把行程裡頭比較不常用到的資料與指令給**置換**到虛擬記憶體裡頭去，後續要是即將要用到這些被置換到虛擬記憶體當中的資料與指令的話，屆時再把這些資料與指令以分頁的方式給置換回記憶體即可，所以分頁處理，其實最主要就是要來搭配虛擬記憶體來解決程式運行時，記憶體容量不足的問題。

5-3 記憶體位址的劃分簡介

前面，我們已經對記憶體以及虛擬記憶體都做了個基本簡介，現在，我們要來討論的是記憶體的位址劃分方法。我們說，記憶體就好像一個可以儲存東西的地方，比方前面所說過的籃子，又或者是停車場當中的停車格，但如果籃子或停車格的數量很少，像只有一個兩個的話，那要辨識它們就比較簡單，但如果數量一多，例如說籃子有一百個，而停車格的數量有一千個的話，那這時候你就無法單純地去區別它們，也因此，我們才要對籃子或停車格給編上編號，這樣你才知道要怎麼去找籃子或停車格。

好，不管籃子也好，停車格也罷，現在，先讓我們以停車格來做範例，來想想我們要如何地來對停車格上編號，這有兩種方式，首先是第一種：

00100000　00100001　00100002　00100003　　00100004　00100005　00100006

⊕ 圖 5-3-1

第一種方式的編法其實很簡單，第 0 個停車格的編號就是 00100000，第 1 個停車格的編號就是 00100001，第 2 個停車格的編號就是 00100002…以此類推，像這種編號方式，就是絕對定址法（英文名稱為 Absolute Address 或 Physical Address）

　　至於第二種的編號方式就有點特殊，是以某個停車格為起點，並以起點加上某個格子數，而最後所得到的結果就是停車格的編號，例如：

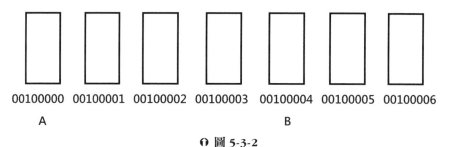

00100000　00100001　00100002　00100003　　00100004　00100005　00100006
　　　A　　　　　　　　　　　　　　　　　　　　　B

◑ 圖 5-3-2

　　在上圖中，我們以停車格 A 點的編號 00100000 為停車格基準點，接著把基準點加上 00000004 就是 00100000+00000004=00100004，而 00100004 就是停車格 B 點的編號，在這個例子當中，A 和 B 的編號是位置，而 00000004 則是相對位置，以上這種編號方式，我們就稱為相對定址法（Relative Address 或 Logical Address）

　　相對定址法其實可以很靈活，為什麼？因為基準點 A 不一定得設在起點 00100000 的地方，你也可以設在別處，像這樣：

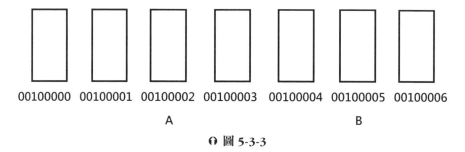

00100000　00100001　00100002　00100003　　00100004　00100005　00100006
　　　　　　　　　　　　A　　　　　　　　　　　　　　B

◑ 圖 5-3-3

　　所以 B 停車位的位置就是 A 停車位的位置 00100002+00000003=00100005，在這個例子當中，A 和 B 的編號是位置，而 00000003 則是相對位置。

　　讓我們回到電腦，讓我們用個表來歸納如下：

生活名詞	電腦專有名詞
停車位	記憶體
停車位上的編號	記憶體位址

◑ 表 5-3-1

5-4 高階語言轉換成執行檔的流程

在講解這個主題之前,先讓我們來看一件事情。我們在前面已經說過了當程式寫完後對程式的翻譯過程,那時候我們說:

當程式(例如上面所舉例的 C 語言)被寫完之後,C 語言首先會被編譯成組合語言,再由組合語言翻譯成機械語言,而我們的 CPU 就閱讀機械語言,並且藉由讀取機械語言來運作程式啦!

這只是一個概略的說法而已,以 C 語言來說,情況如下表所示:

項目編號	名稱	意義	範例

1	原始碼
	(source code)
		程式設計師所寫的 C 程式語言	`#include<stdio.h>`
			
			`int main(void) {`
			    `printf("Hello World\n");`
			    `return 0;`
			`}`

2	預處理器
	(preprocessor)
		預處理器是一種程式,此程式負責把程式中的輸入資料轉變成程式中的實際資料或者是程式轉換	把 C 語言中的注釋給刪除以及把定義中的常數給替換,例如把:
			`#define Apple 123`
			`int A = Apple;`
			轉換成為:
			`int A = 123;`
			同理,巨集程式也會跟著一起來做轉換。

3	編譯器
	(compiler)
		把原始程式碼(原始語言)給翻譯成另一種程式碼(目標語言)的程式
		所以編譯器是一種程式
			例如:準備把 printf("Hello World\n");
			給翻譯成:
			`68 30 7B 41 00`
			`E8 3B F8 FF FF`
			`83 C4 04`
			的程式就是編譯器。

4	目的碼
	(object code)
		當編譯器把 C 語言給翻譯成機械語言之時,機械語言就是目的碼,而放置目的碼的地方則是被稱為目的檔(Object File)	已經透過編譯器把 C 語言給翻譯成機械語言,例如以下的機械語言:
			`68 30 7B 41 00`
			`E8 3B F8 FF FF`
			`83 C4 04`
			就是目的碼(Object Code)

項目編號	名稱	意義	範例
5	連結器（linker）	1. 將目的檔加上函式庫。 2. 對 Windows 作業系統而言也可以加上 DLL 動態連結函式庫（Dynamic-Link Library，縮寫為 DLL）	例如連結器加上函式庫 <stdio.h> 或者是 DLL，舉個例子： 📧 PlayMain 📄 TestDLL.dll ⋂ 圖 5-4-1 上圖中，TestDLL.dll 裡頭藏著木馬病毒，當點下執行檔 PlayMain 之時，連結器就會對執行檔 PlayMain 加上藏著木馬病毒的動態連結函式庫 TestDLL.dll，這樣一來當你點下執行檔 PlayMain 之時你就可以執行木馬病毒。
6	（可）執行檔（Executables）	可以執行的電腦檔案	例如在 Visual Studio 底下所編譯出來的執行檔： 📧 PlayMain ⋂ 圖 5-4-2 或由 Line 公司所製作出來的執行檔： LINE LineInst ⋂ 圖 5-4-3

⋂ 表 5-4-1

　　上面的情況是針對像 C 語言這樣的高階語言來說的，但如果是組合語言，那上表當中的編譯器就會被轉換成組譯程式（Assembler），接著後面的流程皆同，最後，把執行檔給丟進記憶體裡頭去之後，便可以開始執行程式或軟體了。

5-5 節省空間的技巧

當程式要被執行之時，假如記憶體的容量不夠大，那這時候該怎麼辦呢？沒關係，先讓我們來看看下面的程式碼：

把數字 1 給丟進盒子 A 裡頭去

把數字 2 給丟進盒子 B 裡頭去

在螢幕顯示一句話 (是否準備調用計算機)

調用 1 號計算機 (把盒子 A 和盒子 B 之內的數字給相加起來)

盒子 C=1 號計算機的計算結果

在螢幕顯示一句話 (盒子 C 的數字)

在上面的程式碼當中有：

1. 指令（例如把數字給丟進盒子裡頭去）

2. 資料（例如數字 1 和 2）

3. 工具（例如在螢幕顯示一句話與計算機這兩個，也就是我們要呼叫的函數）

上面的程式碼會在執行前被載入進記憶體當中，可是現在問題來了，記憶體的容量可能會不夠大，那我們該怎麼辦呢？既然一次無法全部裝進去，那就：

1. 有用到工具（也就是函數）的時候才調用工具（函數），沒用到工具（函數）的時候就不要調用工具（函數）。

2. 比較常用到的指令與資料先載入進記憶體之內，其他比較不常用到的指令與資料在需要使用時才載入進記憶體之內，且指令與資料在執行完畢之後就立刻置換出去，然後把空出來的空間留給別的指令與資料來使用。

總之，不管怎樣就是要盡量做到別浪費空間以及盡量地運用空間，這種方式就跟現代人在裝潢居家環境的意思很像，由於家中的空間都相當有限，所以要怎樣對空間來做最大化的空間運用就是本節所要表達的重點。

5-6 置換

置換是一種儲存管理的方法,記憶體當中的行程可以視需要而被移出,接著進入磁碟之內,又或者是磁碟當中的行程可以視需要而被移出磁碟,接著進入記憶體之內,像這種移出移入的方式我們就稱為置換,置換是由置換器來管理,圖示如下所示:

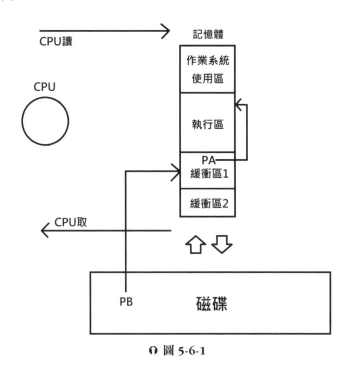

◐ 圖 5-6-1

而磁碟,我們就稱為回存裝置 Backing Store,回存裝置的大小必須要夠大,也就是要有足夠的容量來容納記憶體當中的所有行程。

上圖說明,先把行程 PA 給放置緩衝區 1 當中,假如行程 PB 要從磁碟被置換到記憶體之內時,可以把緩衝區 1 當中的行程 PA 給調進執行區讓 CPU 去執行,而這種方式,則是稱為重疊置換 Overlapped Swapping。

當置換發生時,CPU 會處於等待狀態,所以為了把握 CPU 的運轉機會,可以在記憶體當中設置緩衝區,並且把其他行程給放進緩衝區裡頭去,而當行程發生置換之時,可將緩衝區當中的行程給調入執行區讓 CPU 去執行,進而不浪費 CPU 的運轉機會。

5-7 連續記憶體配置與保護

記憶體至少會被分割成兩個區塊,一個是作業系統使用區,主要是分配給作業系統來使用,而另一個則是使用者區域,主要是分配給使用者的行程來使用,圖示如下所示:

○ 圖 5-7-1

所以記憶體的容量至少得大於作業系統使用區以及使用者區域的總和,而行程的全部程式碼要置放在連續的區域之內,像這種情況就稱為連續記憶體配置。

了解了上面的情況之後,現在讓我們來看看下圖:

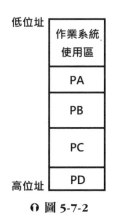

○ 圖 5-7-2

圖中主要說明,在一個記憶體當中,低位址處被配置了作業系統使用區,而在漸高位址處的使用者區域當中則是分別被放置了 4 個行程 PA、PB、PC 以及

PD，一旦某個行程佔據了記憶體當中的某個區域之後，這時候其他的資料就不能再被放入這個記憶體區域當中，這就是所謂的記憶體保護，例如圖中的 4 個行程 PA、PB、PC 以及 PD 分別佔據了使用者區域，這時候其他的資料就無法被放入 PA、PB、PC 以及 PD 所佔據的記憶體當中。

5-8 記憶體分配與管理

在講解這個主題之前，先讓我們來看看下面這則小故事：

假設現在有四間預計要成立的公司 PA、PB、PC 以及 PD，由於這四間公司只是預計成立，因此還沒有正式成立，而為了正式成立，這四間公司就打算在一塊土地上建設實體建築並藉此來正式地成立公司，而為了方便表示起見，我們還對土地分別上了編號，圖示如右所示：

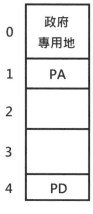

〇 圖 5-8-1

圖中的土地利用情況非常理想，可說是一絲一毫完全都不浪費，但是呢，有時候事情的發展總是會出現點變化，怎麼說？例如像下面的這個情況：

〇 圖 5-8-2

　　圖中的公司 PB 和 PC 由於經營不善又或者是因為其他因素而遷走，導致在原來的土地上出現了空缺，而像這種空缺，我們就稱之為坑 Hole。

　　一塊土地上有坑那實在不是個好現象，因為有了坑，就沒有公司，沒有公司，政府就無法收取稅金，這時候好死不好剛好有 3 間預計要成立的公司分別是 PE、PF 以及 PG 等正好物色到了這兩塊土地，但物色歸物色，至少也要讓人家先排隊，於是這三間公司就在佇列也就是相當於排隊區域當中排隊等著在土地上蓋實體公司：

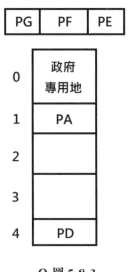

⋒ 圖 5-8-3

　　假設 PE 被優先排了進去，這時候我們發現到會有下列三種情況之一的情況會出現：

1. PE 的大小比 3 號土地的面積小，這時候公司**可以**成立：

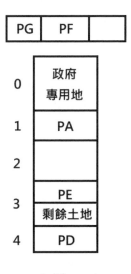

⋒ 圖 5-8-4

但話雖如此，卻留下了剩餘土地，也就是說，造成了土地空間的浪費，而剩餘土地的部份，我們就稱之為碎片 Fragmentation。

2. PE 的大小等同於 3 號土地的面積，這時候公司也**可以**成立：

❶ 圖 **5-8-5**

3. .PE 的大小比 3 號土地的面積還要大，甚至已經越到了 4 號土地，因此這時候公司便**無法**成立。

接下來，假如 PF 進駐的話：

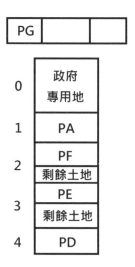

❶ 圖 **5-8-6**

這時候還是會造成剩餘土地的出現，請問聰明的你，如果你今天是一位對土地管理有寸土寸金概念的土地管理員的話，那你會怎麼處理？

你會說，這還不簡單，要嘛就在剩餘土地上繼續招商蓋房，要嘛就把公司給乾坤大挪移，並且把剩餘土地給通通集合在一起，情況如右圖所示：

∩ 圖 5-8-7

至於剩餘土地的部分，如果 PG 的大小等於或小於剩餘土地面積的話就可以讓 PG 公司來進駐。

故事講完了，讓我們用個表來做歸納：

故事名詞	電腦專有名詞
公司	行程
土地	主記憶體
空缺	坑
剩餘土地	碎片

∩ 表 5-8-1

5-9 記憶體的分頁技巧

上一節，我們曾經講解了土地管理員怎樣來管理土地的故事，現在，讓我們再來看一下圖：

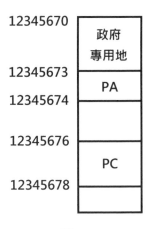

⋀ 圖 5-9-1

有一間公司 PB 打算要進駐這塊土地，可是現在問題來了，PB 這間公司非常龐大，哪兒都安排不下，這時候土地管理員該怎麼安排才好呢？有個辦法，那就是先把公司的一部份，例如招待大廳給安排在地址 12345674~12345676 之間，並且在靠近 12345676 的地方設置一個箭頭，箭頭裡頭放置 12345678，而地址 12345678 的地方則是辦公室，圖式如右所示：

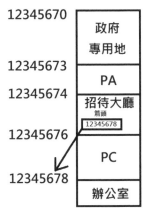

⋀ 圖 5-9-2

這樣一來，把公司的機能給分開後，當員工一進入招待大廳之時，就順著走到箭頭處，而當員工一碰到箭頭上面所寫的 12345678 之時，那就表示箭頭指向 12345678 的地方，於是員工繼續往 12345678 的地方上走去，到了 12345678 的地方也就是辦公室之後員工就可以開始辦公。

使用箭頭的好處就是不用再擔心會有碎片的情況出現，當然這只是其中一種方式而已，而下面所要講的，就是本節的主題，也就是分頁。

分頁的概念就好像把公司給拆成若干等分，例如接待大廳、辦公室與廁所等等，這樣做的好處是不會產生碎片，情況如下圖所示：

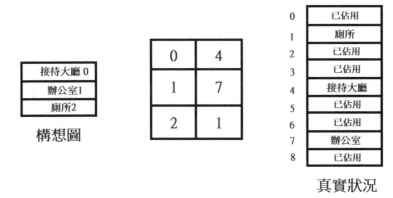

∩ 圖 5-9-3

我們把某一間公司給拆成三等份，而每一等份我們就稱之為頁 Page，至於真實狀況的土地，我們則是把它給分成九等分，而每一等份我們就稱之為框頁 Frame，每一頁都會有一個編號，框頁也是，而頁的編號都會對應到每一個框頁的號碼，並且用頁表 Page Table 來表示，例如說上圖中的頁表，頁 0 對應到框頁 4，頁 1 對應到框頁 7，最後則是頁 2 對應到框頁 1。分頁的好處是，如果有碎片，也不會出現在 0~8 中間，以現今的作業系統來看，頁的大小為 4KB~8KB 之間。

1KB 就是 1024 個位元組也就是 1024 個 BYTES，也就是說至少要有 1024*4=4096 個位元組那才是一頁，而表 5-4-1 當中的：

68 30 7B 41 00

E8 3B F8 FF FF

83 C4 04

才 13 個位元組而已，因此不足一頁。

5-10 轉譯後備緩衝區

在講解這個主題之前,讓我們先回到圖:

♪ 圖 5-10-1

並且來看看這段對話:

A:構思圖當中的 0 號以及 2 號比較常用到,至於 1 號的部分則是比較少用到

B:這還不簡單,那就另外再設計一個新的頁表 Page Table,然後把比較常用到的號碼給放進去,並且找尋資料時優先尋找新的頁表那不就好了,情況如下圖所示:

♪ 圖 5-10-2

當要尋找資料的時候，先從新的頁表來開始找起，如果找到，就先執行存取，但如果找不到，就往原來的頁表去找，這樣做的目的是為了節省時間。

在上面的描述中，「新的頁表」只是我們為了舉例才這樣說明，其實它的正式名稱是轉譯後備緩衝區（英文為：Translation Lookaside Buffer，簡稱為 TLB）

5-11　框頁保護

在講解這個主題之前，讓我們再次地回到下圖：

♠ 圖 5-11-1

假如這時候有兩個人正在對話，其對話內容如下所示：

A：我覺得真實狀況也就是實際土地的部分應該要嚴加保護

B：對！如果人人都能夠存取實際土地當中的內容，那實在是太危險了

A：這時候我們該怎麼辦？

B：不如在頁表 Page Table 中多個欄位，來表示這個框頁當中的內容是否可以被存取，以 Yes 或 No 又或者是 Valid 或 Invalid 來表示你看如何？

A 點頭，所以 AB 對於保護的規定如下所示：

Valid：表示可以對框頁來執行存取

Invalid：表示不可以對框頁來執行存取，也就是對框頁來產生保護作用

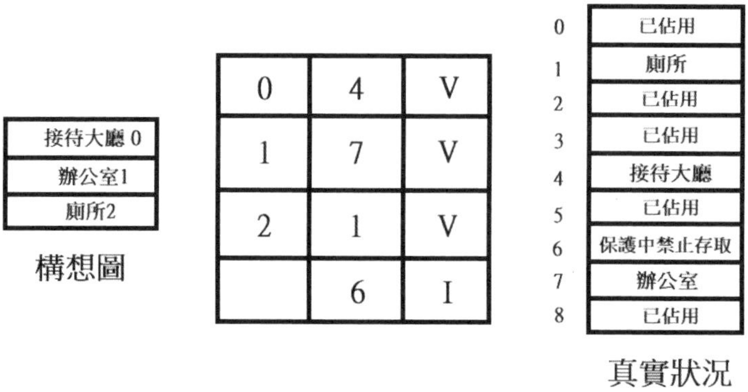

			0	已佔用
接待大廳 0	0	4	V	1	廁所
辦公室1				2	已佔用
廁所2	1	7	V	3	已佔用
				4	接待大廳
構想圖	2	1	V	5	已佔用
				6	保護中禁止存取
		6	I	7	辦公室
				8	已佔用

構想圖　　　　　　　　　　　　　　真實狀況

∩ 圖 5-11-2

生活概念已經講完，讓我們回到電腦：

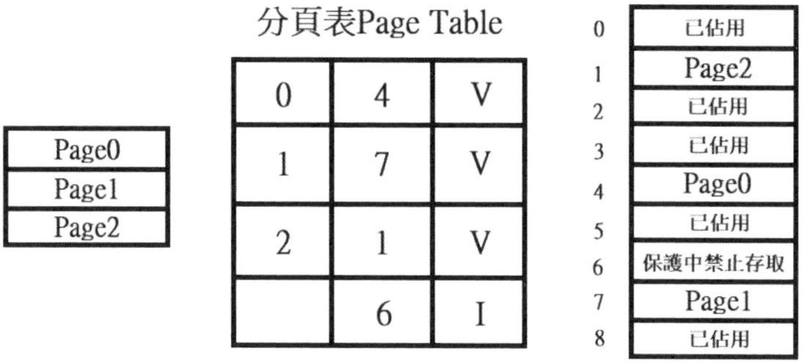

分頁表Page Table

				0	已佔用
	0	4	V	1	Page2
Page0				2	已佔用
Page1	1	7	V	3	已佔用
Page2				4	Page0
	2	1	V	5	已佔用
				6	保護中禁止存取
		6	I	7	Page1
				8	已佔用

∩ 圖 5-11-3

上圖的內容就是總結我們對於前面課程的說明。

5-12 框頁分享

假設現在有 AB 兩間公司，圖示如下所示：

A公司

接待大廳 0
辦公室1
廁所2

B公司

接待大廳 0
辦公室1
廚房2

構想圖

0	4	V
1	7	V
2	1	V
	6	I

0	4	V
1	7	V
2	8	V
	6	I

0	已佔用
1	廁所
2	已佔用
3	已佔用
4	接待大廳
5	已佔用
6	保護中禁止存取
7	辦公室
8	廚房

真實狀況

◑ 圖 5-12-1

這時候各位可以發現到，AB 兩家公司都有接待大廳和辦公室，差別只在於廁所和廚房，於是這時候 A 公司就向 B 公司說，不如這樣吧！既然我們兩間公司都有共同的構造，那為了節省成本起見，同樣的構造我們就共用如何？對 B 公司來說這當然好，於是共用的情況就出現了，結果就是圖中右邊的部分。

同理，電腦的情況也是一樣。

5-13 虛擬記憶體的運作方式

在前面，我們已經有講了虛擬記憶體的基本概念，也就是說，如果實體記憶體的容量不足，那就借用磁碟的容量來放置行程，等需要用到行程之時，就把行程給置換過去，這種情形就好像說，有一塊土地 A1，A1 被劃分成 10 個停車格且這十個停車格已經全部都被停滿，這時候如果還有車子想要進入 A1 的話，那就只能先到 A1 附近的土地 A2 上停放，等 A1 有車開走之後，此時停在 A2 上的車遞補進 A1 即可，而 A1 就是實體記憶體，A2 就是虛擬記憶體。

以上的比喻不是很好，但是我已經盡量了，其實應該要把車子給比喻成公司，因為公司代表行程，但是說公司會轉來轉去的話確實是有點奇怪，所以只好以車子來做比喻。

現在讓我們回到電腦，如果選頁正確的話，例如下圖中 Page0 會被丟進編號 4 的地方去：

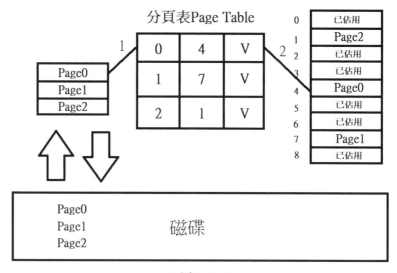

♠ 圖 5-13-1

注意，上圖中的 V 表示頁已經置換入實體空間，而 I 則表示頁還沒被置換入實體空間。

上圖中，1 號線代表對映到分頁表，而 2 號線則代表把頁給丟進記憶體當中。但如果選頁不正確的話，則作業系統會執行選頁錯誤中斷，接著去磁碟當中尋找相關的分頁，找到後把分頁給丟進記憶體當中，讓我們來看看下面的步驟：

STEP 1 選頁：

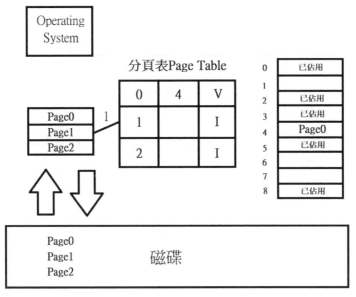

∩ 圖 5-13-2

STEP 2 選頁不正確，由於選頁不正確，此時行程會立刻停止運行，之後便通知作業系統執行選頁錯誤中斷：

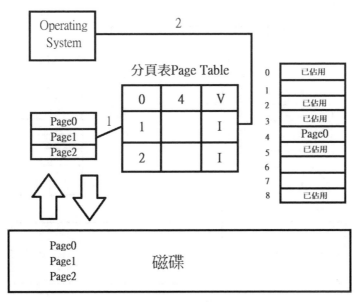

∩ 圖 5-13-3

STEP 3 找尋磁碟當中是否有分頁的存在：

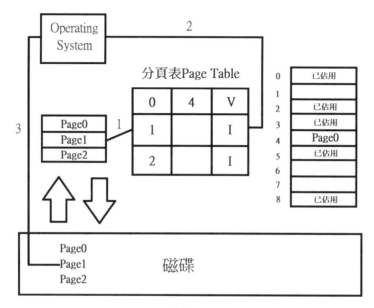

◯ 圖 5-13-4

STEP 4 搜尋記憶體當中的空白處：

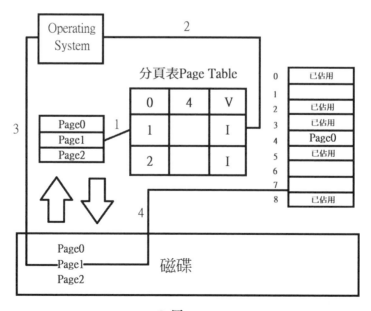

◯ 圖 5-13-5

STEP 5 把頁給從磁碟當中來丟進記憶體當中所定位到的空白處：

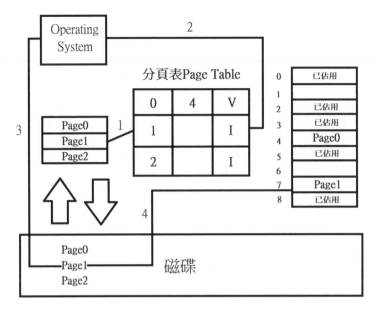

∩ 圖 5-13-6

STEP 6 重新設定分頁表：

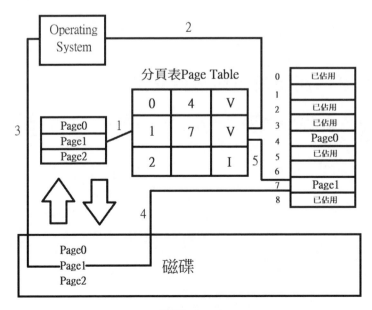

∩ 圖 5-13-7

STEP 7 重新啟動行程：

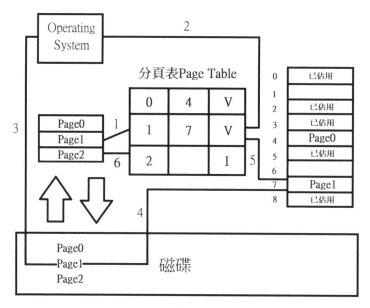

∩ 圖 5-13-8

也許你會問，如果一開始分頁表上的每個狀態全都是 I 的話，那上述的每一個步驟不就全都要做一次？沒錯，這種情況就稱為純分頁要求，純分頁要求所要付出的代價可就是不小了。

5-14 虛擬記憶體中的框頁交換

假如記憶體當中的框頁由於某些原因想要被交換出去，那這時候該怎麼做呢？讓我們來看步驟，首先是完整的全圖：

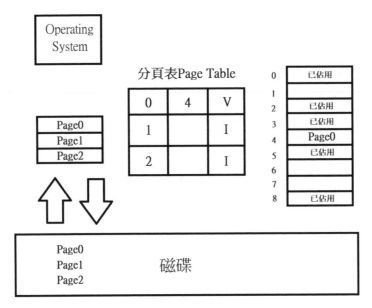

♠ 圖 5-14-1

STEP 1 準備把記憶體當中的框頁 Page0 給丟進磁碟當中：

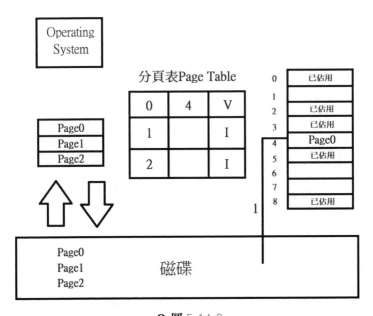

♠ 圖 5-14-2

STEP 2 已經把框頁 Page0 給丟進磁碟裡頭去了:

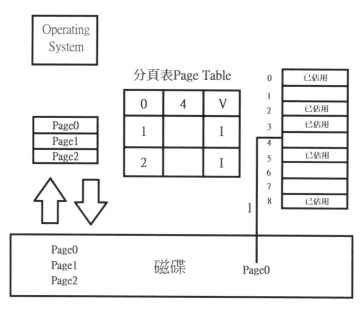

∩ 圖 5-14-3

STEP 3 修改分頁表,把 4 給去除,且把 V 給改成 I:

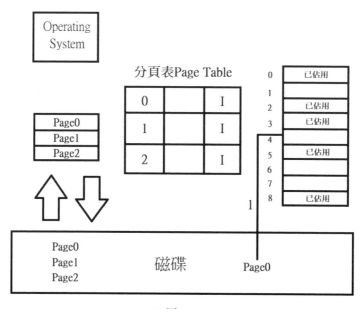

∩ 圖 5-14-4

STEP 4 準備把想要的頁 Page1 給丟進記憶體當中：

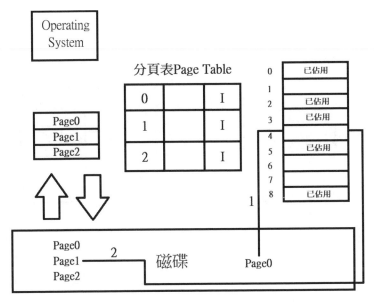

∩ 圖 5-14-5

STEP 5 已經把想要的頁 Page1 給丟進記憶體裡頭去了：

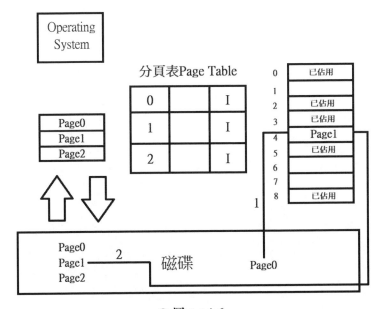

∩ 圖 5-14-6

STEP 6 修改分頁表，填上 Page1 所對應到的框頁 4 以及把 I 給改成 V：

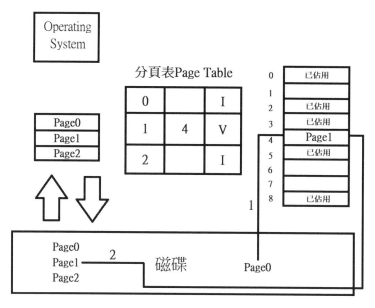

⋒ 圖 5-14-7

　　之所以會出現框頁交換的最主要原因就是因為記憶體不足，而需要透過交換框頁的方式來達到對記憶體的最大利用。

Chapter 06

網路通訊概論

6-1 事情就是這樣子開始的

前面講的部分都是在同一台電腦上處理事情，而從這一節開始，我們要來講解的是讓兩台電腦之間可以來支援其各自的工作，前面說過，這會涉及到網路連線的技術，因此，本章要來講解的內容就是基本的網路連線等問題。

其實網路連線的技術既深且廣，實在是無法只用個三言兩語之後就可以全盤掌握，所以在此我們只講個基本的核心概念即可，只要掌握到了基本的核心概念之後，要學習網路通訊的技術就很快了，現在，就讓我們繼續來看下去吧！

有一天，我的好友畜生他自己創了業，而創業的內容是開了間便利商店，這間便利商店除了開放民眾現場上門選購商品之外，也服務像我這種住在距離便利商店大概 10 公尺外的消費者，也就是說，只要我需要什麼商品，我就直接用電話打給畜生，然後他就會叫人把我要的商品送到我家來給我，例如片片，嗯，這聽起來似乎是個很棒的服務，至於實際的情況就如下圖所示，為了簡化起見，讓我們先分兩個步驟來看：

1. 我從我家打電話給便利商店，並下單給便利商店，請便利商店派人把商品送過來我家：

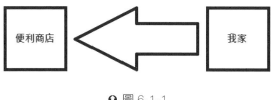

🎧 圖 6-1-1

2. 便利商店收到從我家打來的訂單之後，便把商品打包，放在出貨區，等時間一到之後就馬上出貨，最後送來我家：

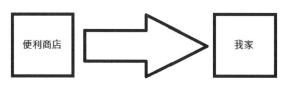

🎧 圖 6-1-2

以上這兩個步驟看起來非常簡單，也非常符合我們的日常生活經驗，重點是，只要有上面這兩個步驟之後，便可以讓兩個陌生人彼此之間建立起交流與對話，當然你也可以說是通訊，而這種通訊就是我們本節裡頭所要講解的內容。

也許你會覺得，啊！不會吧！事情竟然這麼簡單？其實不然，日常生活中的情況或許簡單，但是如果把上面的情況給應用在電腦與電腦之間的溝通與交流的話，那事情可就沒那麼好處理了。

不過沒關係，請各位跟著我們的腳步來走，並且理解我們上面所說過的原理就好，只要能夠理解上面的原理的話，對於掌握網路通訊的基本知識其實也就不難了。

6-2　稍微複雜一點的通訊情況

上一節，咱們講過了從便利商店到我家之間的通訊情況，不過那個情況是屬於一種比較簡單的情況，讓我們來看一下稍微複雜一點的情況。

畜生在苦心經營了便利商店數年之後，終於成功轉型為大賣場，而我，那時我也已經搬了家，而這個家距離畜生所經營的大賣場有 100 公里遠，但看在我跟畜生從認識開始都是穿同一條內褲、看同一部片片長大的份上，有生意我還是都包給他做，哪怕我現在已經搬到距離畜生所開的大賣場有 100 公里遠的地方了。

但由於我家跟大賣場之間的距離實在是過於遙遠，因此，要是我打電話下單給大賣場，大賣場不可能再直接派他們的打工小妹直接把片片給送來我家，而是要透過物流車、郵局甚至是走高速公路之後，屆時我所下訂的商品才會送達到我家，以我向大賣場訂購一組仿真人的娃娃為例，讓我們來看看下表：

步驟	執行者	工作內容
1	阿秋	打電話給大賣場的老闆畜生，並向畜生下訂單
2	大賣場的老闆畜生以及技術員結衣	畜生收完訂單之後便隨即聯絡大賣場的技術員結衣，結衣將娃娃分解後裝成幾個箱，並在箱中附上娃娃的組合圖，而這過程也就是俗稱的打包，打包完之後結衣會連絡 1 號快遞公司，而 1 號快遞公司便會請 1 號快遞員到大賣場來收取箱子

步驟	執行者	工作內容
3	1 號快遞公司的 1 號快遞員	1 號快遞員到了大賣場之後便會填寫單子，而單子上面會有寄收件人的姓名、地址與聯絡電話，然後把單子分別地貼在每個箱子上，接著開車把箱子交給 1 號物流公司
4	1 號物流公司的 1 號物流士	1 號物流公司的 1 號物流士會開物流車將箱子送到高鐵站
5	高鐵	高鐵把箱子送到距離我家最近的高鐵站
6	2 號物流公司的 2 號物流士	2 號物流士開車到高鐵站將箱子送到 2 號物流公司
7	2 號快遞公司的 2 號快遞員	2 號物流公司打電話請 2 號快遞公司的 2 號快遞員到 2 號物流公司來領取箱子，之後 2 號快遞員便會把箱子送到我家
8	技術員美沙	技術員美沙將箱子拆開，把娃娃按照娃娃組合圖給組合起來
9	阿秋	晚上可以跟娃娃 Happy

Ω 表 6-2-1

在上面的過程中，我們可以發現到步驟是成對的，請看下表：

成對步驟		說明
1	9	下單與把玩
2	8	拆貨與組裝
3	7	快遞對快遞
4	6	物流對物流
5 高鐵是獨立的，不成一組配對		

Ω 表 6-2-2

以上就是阿秋向畜生下訂單，並且讓娃娃出貨、配送物流、運送以及重新組裝的整個過程，這過程雖然不跟網路通訊模型有絕對的對應，但原理大致相同，而且非常重要，因為它會關係到我們日後對於後面的學習，尤其是封包（也就是上面所說的箱子）組裝的過程與結果。

6-3 小結論

這一節，我們要來對前面所說的內容來做一個小結論。

在第一節當中，由於我們的情況比較簡單，因此，只有便利商店對應到我家這一層而已，而在第二節當中的情況可就不一樣了，由於第二節當中的情況比較複雜，因此，我把它分為了五層，讓我們來看看這五層：

成對步驟		說明
1	9	下單與把玩
2	8	拆貨與組裝
3	7	快遞對快遞
4	6	物流對物流
5 高鐵是獨立的，不成一組配對		

⋔ 表 6-3-1

在這五層當中，各位是否已經注意到了一件事情？那就是，每一層與每一層之間只要把自己的事情給做好就好，彼此之間並不干涉。例如說，第一層的我下什麼單子給畜生，這都不會影響到第二層的拆貨與組裝，因為我只要負責下單就好，而畜生只要負責接單就好，其他的事情我跟他都不用過問。

同樣道理，對於第二層的技術員來說，技術員只要在接收到從上一層來的命令之後，就只要負責支解商品也就是娃娃，並且把娃娃給裝箱就好，剩下的事情就交給第三層的快遞去解決，同樣道理快遞和高鐵的運輸也是一樣，彼此各自分工而互不相干。

如果有一天我住在國外，屆時也不會影響到上面的那五層，也就是說我照樣下單之後，事情依舊會持續進行，差別只在於中間會以空運或者是海運的方式來把娃娃給送到我家。

換個方向來想，要是哪一天換了間快遞又或者是物流公司的話，屆時我在第一層下單之後，終究不會影響到我收取娃娃的最後結果，因此，哪一層的變化都不會影響到其上下一層，例如說更換快遞公司好了，如果快遞公司一更換，也不會影響到上層的拆貨以及下層的物流，一樣也可以把事情給全部做好。

層與層之間彼此分工，而且又獨立運作是個非常重要的基本觀念，關於這一點請各位務必要理解上面的基本原理，因為這對於我們的網路通訊來說，非常重要。

6-4 網路的基本概念 – 區域網路與廣域網路

6-4-1 區域網路

講到這兒，也許對網路與通訊稍微有些基礎的讀者們來說可能會想要抗議，既然我連分層都講了，但卻連網路的概念是什麼卻還都隻字不提，別急，由於我們這本書的適用對象是給兒童與青少年的書籍，所以就讓我們慢慢地來。

網路是一個既抽象又很複雜的東西，在此我們先不要把事情給想得那麼遠，我們先來看看一個例子，從這個例子當中我們或許可以對網路的基本概念來一窺一二也說不定。

最簡單的網路如下圖所示：

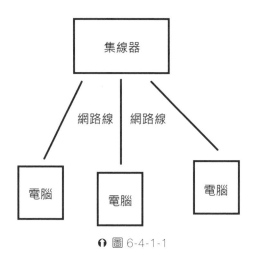

⋒ 圖 6-4-1-1

上面是一台由集線器透過網路線然後來連接到電腦的示意圖，各位可以看看你家的情況，如果你用的電腦是需要插網路線的話，那上面的情況是不是跟你目前所用的情況非常相似？

也許你會問，怎麼突然間冒出了一個集線器？那是什麼東西？集線器跟我們前面所討論過的知識又是有什麼樣的鳥關係？別急，各位還記得我們前面所提到過的箱子吧？你就把電腦給想像成我家，把集線器給想像成貨物集中區，而貨物集中區透過路徑也就是上圖中的網路線把箱子一箱一箱地送到我家的意思是一樣的，圖示如下圖所示：

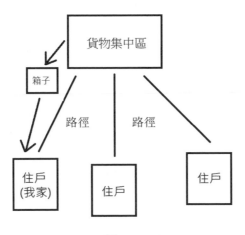

♫ 圖 6-4-1-2

　　市面上的集線器長這樣（圖採用自維基百科）圖示如右：

♫ 圖 6-4-1-3

　　當然，如果你要分工得更精細，那你可以加一台交換機，圖示如下：

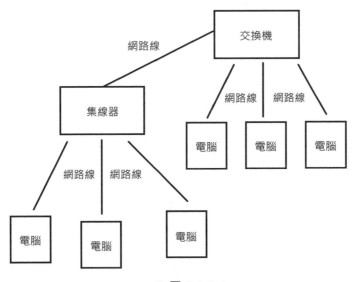

♫ 圖 6-4-1-4

TIPS

交換機和電腦之間是以全雙工的方式來做連結，而交換機和集線器之間則是以半雙工的方式來做連結。

全雙工的意思就是說，兩個裝置之間可以同時傳送資料，例如手機，你講手機的時候，同時也可以聽得到對方在說什麼，這就是全雙工。

半雙工的意思是說，兩個裝置之間雖然可以進行資料傳輸，但卻無法同時處理，例如無線電對講機（就是你常常在電影上所看到的那種，講完的人都會說句 Over）。

市面上的交換機長這樣（圖引用自維基百科）：

ℹ 圖 6-4-1-5

交換機就相當於社區總收發室，負責接收外面來的箱子：

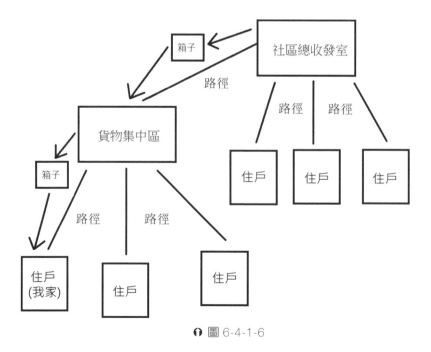

ℹ 圖 6-4-1-6

　　前面的圖其實已經構成了一個非常簡單的電腦網路（也可以稱為計算機網路），以一間公司的多間辦公室而言，前面所說過的裝置絕對是最基本的配備，而如果要往外通訊的話，則需要路由器這個設備：

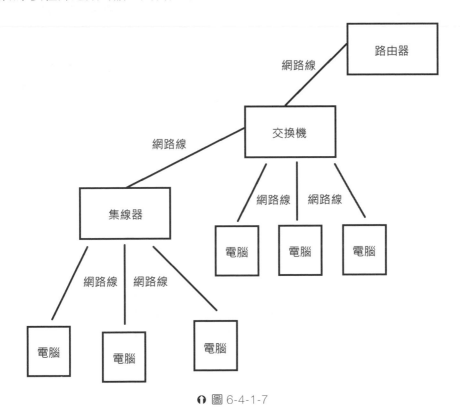

◑ 圖 6-4-1-7

市面上的路由器長這樣（圖採用自維基百科）：

◑ 圖 6-4-1-8

　　無線路由器長這樣（圖引用自維基百科）：

⌒ 圖 6-4-1-9

　　路由器就相當於郵局，是非常重要的網路設備，路由器負責轉發封包（封包也就是我們前面所說過裝娃娃的箱子）：

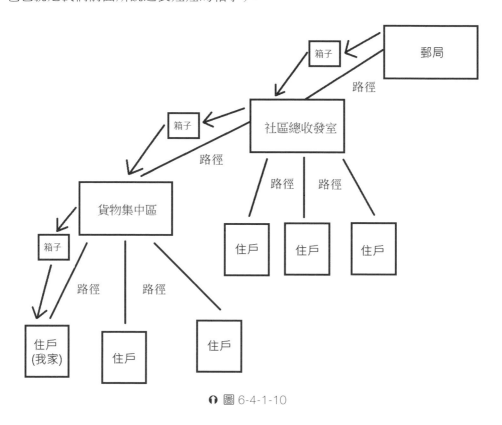

⌒ 圖 6-4-1-10

讓我們來對上面的知識做一個總結，當許多箱子被送到郵局之後，郵局便會透過路徑把箱子轉送到我家的社區總收發室，接著社區總收發室又會透過路徑，把箱子給送到貨物集中區，最後貨物集中區則是會把箱子給發送到我家，接著由娃娃技術員來把箱子拆開，最後把娃娃給組合起來。

把上面的話給轉換成網路用語的話就會是這樣：

當許多封包被送到路由器之後，路由器便會透過網路線來把封包給轉送到交換器，接著交換器又透過網路線，又把封包給送到集線器，接著集線器又把封包透過網路線的傳遞之後就送到電腦去組合起來。

注意，在上面的過程中，路由器會在不同的網路上轉發封包，但是交換器卻是在同一個網路上發送封包，這情況就相當於，郵局會把箱子送到不同的社區，但我住的社區裡頭有很多住戶，而多個住戶都會共用一個社區總收發室，而社區總收發室只針對我住的社區裡頭的住戶來發送箱子，以及我們暫時都先假設我們用的路徑都是有線網路，無線網路的情況我們暫時先不討論。

● 6-4-2　廣域網路

上一小節，咱們講了使用路由器、交換器、集線器以及電腦等來解釋了網路的基本概念，但不知道各位發現到了沒有，只有用上面那四樣機器所連接起來的網路，那只能算是個小網路而已，怎麼說？因為我們無法只用這種小網路來滿足我們的需求，例如說上我們常用的 Yahoo 或 Google 等網站，當然也無法上我們最愛的北極星片片網去下載我們最愛的愛情運動片，因此，像上一小節那樣子具有侷限性的網路設計我們就稱之為區域網路（英文名稱為 Local Area Network，簡稱為 LAN）。

相對於區域網路而言，區域網路能玩的事情很少，因此，我們通常都會透過網路線，接著在透過像中華電信那樣的電信服務商（簡稱為 ISP）來對外連接其他的機器或網站，最後把你要的北極星片片網以分裝箱子的方式給傳回來你的電腦，並且重新組合之後你就可以直接看到北極星片片網的網站了，像這樣子的網路由於連線範圍廣且又透過 ISP 電信商的方式來傳送封包的網路，我們就稱之為廣域網路（英文名稱為 Wide Area Network，簡稱為 WAN），圖示如下所示：

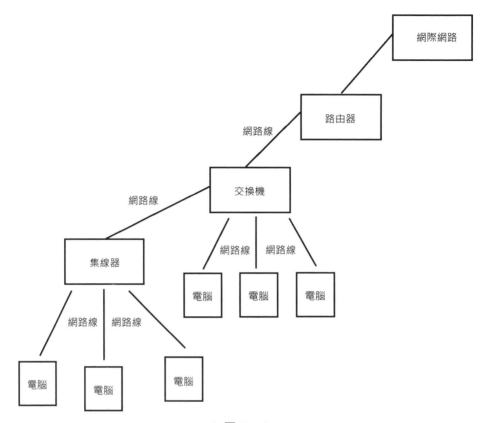

♠ 圖 6-4-2-1

　　廣域網所能服務的範圍很大，小從數十到數百公里，大到跨越幾個國家甚至是幾個州都沒問題，只是使用時必須得向 ISP 電信商來租用，這也是為什麼我們每個月都要繳交網路費的原因了。

　　最後，讓我們用個表來統一一下專有名詞與生活名詞：

專有名詞	生活名詞
路由器	郵局
交換機	社區總收發室
集線器	貨物集中區
箱子（內裝娃娃）	封包
電腦	我家

♠ 表 6-4-2-1

6-5　網路的基本概念 - IP 位址的基本概念

在前面，我們講了貨物以及資訊傳送的簡單概念，可是各位不知道有沒有發現到一件事情，那就是，雖然我們一直都在談傳送，但是卻沒有講傳送時最重要的一個問題，這個問題就是地址。

各位還記得我們的娃娃吧！當技術員把娃娃給分解並裝箱之後，便會叫快遞公司的人來收取箱子，此時快遞公司的人必須得寫張送貨單，而這送貨單上面必須要有寄收件人的姓名、地址與聯或電話，這樣收件人才能夠收得到貨，因此，地址就是個非常重要的基本概念了，因為如果沒有地址或者是地址寫錯了，那娃娃肯定是寄不到我家來的，各位說對嗎？

在講解地址這個概念之前，讓我們先來看看下面這一段話：

阿秋：畜生，我要一組波波臉的娃娃

畜生：沒問題！要會叫的那種嗎？

阿秋：當然，不會叫的你自己留著晚上用

畜生：那把你家地址殺過來給我吧！

阿秋：波波市畜生區唬爛路二段 4 弄 8 號 12 樓 16 室

現在，畜生知道了我家地址，於是快遞就可以把地址給寫在送貨單上面，只是說，這個帶點皮的快遞人員故意不把地址給寫成：

波波市畜生區唬爛路二段 4 弄 8 號 12 樓 16 室

這樣子的格式，而是寫成：

波波市畜生區 . 唬爛路二段 .4 弄 8 號 .12 樓 16 室

唷，有什麼不玩，偏偏就是要玩個「.」。

如果再加上畜生所經營的大賣場的地址：

結衣市充氣區娃娃路三段 5 弄 10 號

相信那快遞人員應該也會把地址給寫成這樣：

結衣市充氣區 . 娃娃路三段 .5 弄 10 號 .0

由於大賣場沒有樓與室，所以快遞人員就在樓與室的地方給分別地補上了 0。

到此，如果大賣場要送貨到我家來，現在，基本條件大致上都已經足夠了。

讓我們回到電腦，在電腦裡頭，如果要傳送封包的話也必須要知道雙方的通訊地址，只是在這裡我們不用地址這個名詞，取而代之的則是用位址或者是 IP 位址等這種專有名詞，而電腦裡頭的 IP 位址通常不會用像下面這樣子的文字來描述：

波波市畜生區 . 唬爛路二段 .4 弄 8 號 .12 樓 16 室

或者是：

結衣市充氣區 . 娃娃路三段 .5 弄 10 號 .0

而是會用像下面這樣子的數字來做描述（以下的數字是我隨便掰的，不與真實電腦來做對應）：192.168.42.123 或 248.252.13.456。

如果你還不是很能理解的話，請參照一下下表的地址與位址之間的對應關係表之後就知道了：

192	168	42	123
波波市畜生區	唬爛路二段	4 弄 8 號	12 樓 16 室
248	252	13	456
結衣市充氣區	娃娃路三段	5 弄 10 號	0

↑ 表 6-5-1

上面就是我們對 IP 位址的基本概念。

TIPS

關於以上的位址，其數字只是我為了示意用而暫時隨便寫，現實情況則要以你當時候電腦所分配給你的 IP 位址為準。

最後我們要來講解的是 MAC 位址的基本概念。

上面講完了 IP 位址，現在，讓我們來講講在網路的世界裡頭也有一個非常重要的位址，它的名字是 MAC 位址。也許你會問，已經知道了 IP 位址之後，幹嘛還要再多一個 MAC 位址？別急，請聽我細細道來。

MAC 位址的概念就相當於建造房子時，建商給你家所烙印上的建築物編號，而且這編號是當房子在建造時所烙印上去的，也就是說它是死的，不能隨意更改，並且 MAC 位址長得像這樣：

12-34-56-78-90-24

上面的數字是為了表示意思而隨便寫的，其實 MAC 位址是有一定的寫法。

最後補充一點的是，MAC 位址是電腦製造商在製造網卡時，便已經把 MAC 位址給寫進網卡裡頭去了。

好了，以上就是位址的基本概念，請各位務必熟悉位址，因為它將會是寄送箱子也就是我們傳遞封包時一定會用得上的基本知識。

6-6 網路的基本概念 - 協定

⤷ 6-6-1 語言可是把妹的首選工具

在講解協定這個話題之前，讓我們先來看一段小故事。有一天…

畜生：我告訴你，我人現在正在日本的機場，這邊有好多妹

阿秋：那你還猶豫什麼，還不趕緊打下來帶回家抱得美人歸

畜生：但問題是怎麼做

阿秋：這還不簡單，假裝你內褲掉在地上請對方幫你撿這不就好了

畜生：重點是我不會說日語

阿秋：那你就上前試試看呀！運氣好的話搞不好對方其實是會說中文

　　於是畜生就用他那雙眼神來尋找獵物，接著便找到一個長得跟畜生自己很像的日本妹，至於為什麼要找個跟自己長得很像的人在一起呢？正所謂湊個夫妻臉、夜半好嚇人。於是畜生便往那日本妹靠上去，並且用他那很流利的中文來搭訕對方，而他為了搭訕一位跟自己有張一模一樣臉的日本妹，於是乎他使用了在他學生時代所使用過的把妹大絕招 - 故意把學生證掉在地上，藉此來搭訕對方，只是時間地點已交替，現在換成了新獵物而已，並且現在掉的已經變成護照。

　　畜生：不好意思，我的證件掉了，小姐麻煩妳能幫我撿一下嗎？

　　說時遲那時快，當畜牲一開口說出他那滿滿流利的中文之時，這位有著跟他長得一模一樣臉的日本妹當場便愣了一下，並且用日語說「你在說什麼？」

　　經過他倆雞同鴨講了一番之後，畜生此時心裡明白，一個講中文，另一個講日文，這樣子倆人根本就無法溝通，於是此時畜生心裡就想：看來這日本妹一點也聽不懂中文，算了，放生。

　　就在這時候，突然間一位金髮美女從他的眼前走了過去，這時…

　　金絲喵耶！能夠娶到金絲喵回家的話那應該也不錯，至少金絲國男女平等，要是我做錯事情的話，至少回到家之後應該是不用在家跪算盤，於是乎，剛剛證件掉落的那一幕戲碼又重新再上演了一次（以下對話全程英文）：

　　畜生：不好意思，我的證件掉了，小姐麻煩妳能幫我撿一下嗎？

　　金絲喵：沒問題，我幫你撿

　　畜生：小姐為了感謝妳幫我撿證件，讓我請妳喝杯咖啡吧

　　金絲喵：好的謝謝

　　於是乎，畜生就這樣把到了這隻金絲喵，可惜的是，這位小姐表面上是個金絲喵，實際上卻是隻母獅子，在沒有訓獸師的情況之下，我的好朋友畜生的下場便開始不好過。

好了，在上頭我舉了兩個例子來說明，這兩個例子都有個共同的特性，那就是「溝通」

在第一個例子當中，一個講中文，一個講日文，在雙方都沒有共同語言的情況之下，兩個人根本就無法來溝通，因此更別說要把日本妹了；而在第二個例子當中，雙方用的是同一種語言也就是英文，因此，就算雙方國籍不同，但只要溝通的語言相同，那彼此之間還是可以來做溝通的你說是嗎？

當然是，因為你看結局，現在母獅子還在調教畜生中。

最後，像使用或者是約定共同語言來做交流的這種事情，我們就稱之為協定，協定在我們的網路和通訊技術裡頭非常重要，因為這關係到電腦與電腦之間要怎麼樣來做溝通。

⊃ 6-6-2　功能上的協定概說

在上面，我們舉了語言當溝通的例子來解釋協定，現在，我要來舉一個比較貼近我們前面所講解過的知識，各位還記得我們的箱子吧，那是技術員結衣把娃娃給支解後，讓娃娃的每個部份以及組合圖給放進去的箱子。

雖然箱子裡頭都放著娃娃的每個部位以及組合圖，但箱子上頭還是得貼上送貨單，送貨單的上面會有幾個項目得寫，像是：

1. 寄件人姓名
2. 收件人姓名
3. 寄件人地址
4. 收件人地址
5. 寄件人電話
6. 收件人電話

上頭所列的內容雖然都是非常基本的條目，但假如這貼心的送貨單上面要是還有一個要你確認貨物是否已經寄達的條目，讓你確認對方是否已經收到箱子的話那會更好，我想這條目應該長得像這樣：

送達時是否通知寄件人：1. 是☐ 2. 否☐

現在，我們要根據上面所設定的相關條目來舉個例子。

假設快遞人員把一票總共五個箱子，且這五個箱子裡頭所裝的娃娃的部位都不相同，例如說有的箱子裡頭放的是頭，而有的箱子裡頭放的是手，另外有的箱子裡頭放的則是腳，等等以此類推，而當箱子被送到我家之後，會有下面兩種情況發生：

1. 如果填是，要是我在家且收到箱子的話，之後快遞人員便會通知畜生說貨物已經送達到我家。

2. 如果填否，要是我不在家的話，快遞人員不但不會通知畜生說貨物沒有收到，而且快遞人員也會把箱子給當場丟掉。

在電腦通訊裡頭，第一種情況我們稱之為 TCP 協定，至於第二種情況我們就稱之為 UDP 協定。

在第一種情況當中，我通知畜生說貨物已經送達到我家，而這種確認訊息，我們就稱之為 ACK，但注意的是，要是畜生太晚或者是在我們一起約定好的日期之內（而這約定的日期就是所謂的 RTT）比如十天，畜生一直都沒收到我發給他是否已經收到箱子的確認訊息的話，那這時候畜生便會認定所有的箱子或者是當中的某幾個箱子已經在運送的路途當中遺失了，此時畜生便會再重新傳送全部或者是當中的某幾個箱子過來我家。

當箱子透過 TCP 協定把箱子送達到我家來之後，我必須就得對箱子裡頭的娃娃部位或者是箱子裡頭所放置的物品來做驗證與檢查，以確定是否送達到的箱子裡頭所放的物品就是我要的，例如說某個箱子裡頭本來要放置的內容是貓裝，但當我收到箱子時卻發現到箱子裡頭所放置的內容竟然是水手服，這可不行，因此，凡是透過 TCP 協定的方式來發送箱子的情況最後都必須得做驗證與檢查，所以，以 TCP 協定來傳送箱子的方式不但可靠，而且安全。

而透過 UDP 協定來發送箱子呢？相對來說要是我不在家的話，箱子便會被丟棄，因此，UDP 協定本身並不可靠。

最後我要來說的是，從最開始前面所說的語言溝通上的協定跟我們功能上的協定這兩者之間到底是有著什麼樣的鳥關係？其實是這樣，我跟畜生兩人要事先約定好一起用 TCP 還是用 UDP 協定，這樣我們之間才能夠在貨物的確認之時知道要怎麼做，像怎麼做這就是一種溝通。

電腦與電腦之間的溝通也是一樣，彼此之間要事先約定好通訊雙方要用哪種協定來做溝通？是 TCP 呢？還是 UDP？亦或是其他種協定，但不管是哪種協定，只要雙方約定好彼此之間可以溝通好的協定好就行，這才是協定最重要的精神。

6-7　OSI 參考模型與文字編碼問題

在前面，我們用了許多生活比喻來講解貨物傳送以及電腦通訊的基本概念，由於前面所說過的內容比較偏向於生活化，因此，我現在就要以生活化的概念為基礎，並且在此之上建立起網路通訊的基本概念，首先，是我們的 OSI 參考模型。

講到這個 OSI 參考模型你可能就會開始感到害怕，感覺這名字很高上大，如神一般地高不可測，唉唷，在講 OSI 參考模型之前，請你先把前面的表給看過一遍，前面的表的原理跟我們這兒所要講解的 OSI 參考模型其實很像，所以不會很難，對吧？

OSI 參考模型一共有七層，現在就讓我們直接用個表格來看看這七層模型吧：

層數	名字	功能
7	應用	能夠使用網路之間通訊的應用程式，像是你最常用的 Line、Yahoo、Gmail 以及 Google 瀏覽器等就是屬於這一層
6	表現	表示傳輸與傳輸之間要使用何種編碼，例如說是 ASCII 或者是 Unicode。
5	交談	建立起待通訊的應用程式與應用程式之間的橋樑
4	傳輸	管理通訊與通訊之間的資料傳輸
3	網路	管理位址以及路由器等相關資訊
2	資料連結	將封包封裝成能夠在網路之間傳送的框
1	實體	把 0 與 1 轉換成高低電壓

↟ 表 6-7-1

在這裡，我要來提一下表現層當中的文字傳輸問題，這很重要，因為你收到的文字是不是亂碼就全看它了。

如果有一種編碼，其編碼的方式為 X，而某個網站裡頭的網頁用的是 X 編碼，並且對一串文 Hello 的編碼是這樣子編的：

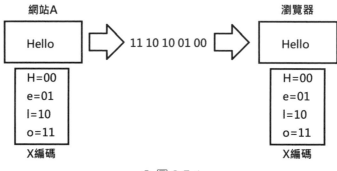

♙ 圖 6-7-1

你用你的瀏覽器，例如說 Google 好了，去向一個網站例如網站 A 請求一個網頁，假如網頁上的一段文字 Hello 要傳送回來給你，這時候你的瀏覽器跟對方的網站之間就必須要約定好彼此之間的編碼。

以上面的編碼情況來說，H=00、e=01、l=10、o=11，而一串文字 Hello 從網站 A 被傳到你的 Google 瀏覽器之時，你的 Google 瀏覽器所收到的情況也會因為你的編碼來做處理，由於你的 Google 瀏覽器所用的編碼與網站 A 所用的編碼相同，因此你在你的 Google 瀏覽器上所看到的文字也一定是一串文字 Hello。

但如果你們之間所使用的編碼不同，例如說像這樣：

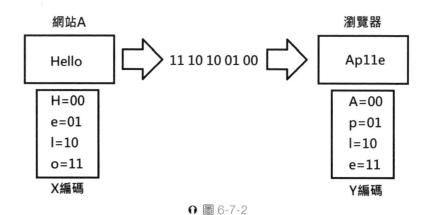

♙ 圖 6-7-2

由於網站 A 使用的是 X 編碼，而你用的是 Y 編碼，這時候你從對方網站上所請求回來的文字，一定就無法對應，這時候就會出現所謂的亂碼。

最後，OSI 參考模型雖然有七層，但如果日後有其他因素，參考模型在發展上面也有可能發展為比七層更多或者是比七層更少的參考模型也說不定，畢竟

資訊科技一日千里，發展得非常快速，今日的 IT 資訊圖書過兩年後或許就會成為了舊教材。由於本文書寫於 2022 年，那我們就暫且先以這七層模型為範例，日後若參考模型發展為更多層或者是更少層，那屆時請各位讀者們就以當時候的發展情況為主。

6-8　TCP/IP 協定概說

上一節，咱們講了 OSI 參考模型，那時候我們說 OSI 參考模型一共有七層，並且還用了個表來說明這七層的名稱與工作內容，但 OSI 的七層參考模型畢竟也只是參考用的，在我們的實際應用裡頭，我們用的是一種被稱為 TCP/IP 的通訊協定。

以目前的情況來看 TCP/IP 協定只有四層，而這四層的功能跟 OSI 參考模型之間的對照則是如下表所示：

OSI 參考模型			TCP/IP 協定
層數	名字	功能	名字
7	應用	能夠使用網路之間通訊的應用程式，像是你最常用的 Line、Yahoo、Gmail 以及 Google 瀏覽器等就是屬於這一層	應用
6	表現	表示傳輸與傳輸之間要使用何種編碼，例如說是 ASCII 或者是 Unicode。	
5	交談	建立起待通訊的應用程式與應用程式之間的橋樑	
4	傳輸	管理通訊與通訊之間的資料傳輸	傳輸
3	網路	管理位址以及路由器等相關資訊	網路
2	資料連結	將封包封裝成能夠在網路之間傳送的框	網路介面（也有人稱為網路存取或網路連結）
1	實體	把 0 與 1 轉換成高低電壓	

⊙ 表 6-8-1

上表是目前市面上所流行的網路通訊協定，但日後也許會有其他種協定也說不定，屆時功能或者是層數都還會有所變化，屆時各位也以當時候的協定為準。但無論是哪一種協定，它們共通的地方就是都有分層，且每一層所做的工作都是獨立的，不會去做別層的工作。

6-9 下單與運送娃娃的流程

在前面，我們已經講了很多關於網路通訊與傳輸的基本概念，現在，我們要來講一個稍微複雜一點點的網路通訊與傳輸的例子，但各位請放心，這個例子不會太難，例子中僅以我們在前面所講過的知識為主，對於還沒講到的知識我們在此先不提，還是一樣，讓我們回到訂購娃娃的例子。

首先，還是回到打電話下單時的場景。

阿秋：老畜啊！把娃娃給送過來我家吧！

畜生：沒問題。

就在阿秋對畜生下完了訂單之後，畜生便告訴技術員結衣這件事情，接著技術員結衣就準備好娃娃：

台北市好眠區.睡覺路二段.4弄8號.0

娃娃

∩ 圖 6-9-1

然後結衣便會把娃娃給支解，而支解的部位則是有六個，分別是：頭、右手、左手、右腳、左腳以及軀幹，如果含貓裝的話那總共是七樣，也就是需要七個箱子，接著把那七個箱子給放在「貨物暫時存放區」這個地方，並且在每個箱子上寫了數字1~7 的編號：

娃娃

把娃娃分解後裝箱與寫上編號

台北市好眠區.睡覺路二段.4弄8號.0

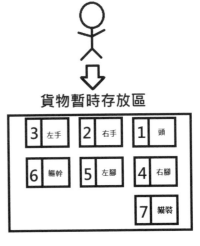

∩ 圖 6-9-2

接著快遞來了，快遞會在每個箱子的上面寫上大賣場以及阿秋家的 IP 地址：

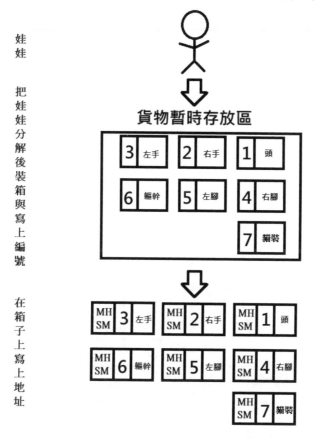

娃娃

把娃娃分解後裝箱與寫上編號

在箱子上寫上地址

🎧 圖 6-9-3

其中：

大賣場的地址：台北市好眠區睡覺路二段 4 弄 8 號

大賣場的 IP 位址：台北市好眠區 . 睡覺路二段 .4 弄 8 號 .0（簡稱為 SM）

我家的地址：新北市布丁區巧克力路二段 5 弄 10 號 13 樓 2 室

我家的 IP 位址：新北市布丁區 . 巧克力路二段 .5 弄 10 號 .13 樓 2 室（簡稱為 MH）

還有大賣場和台北市郵局總局的 MAC 地址：

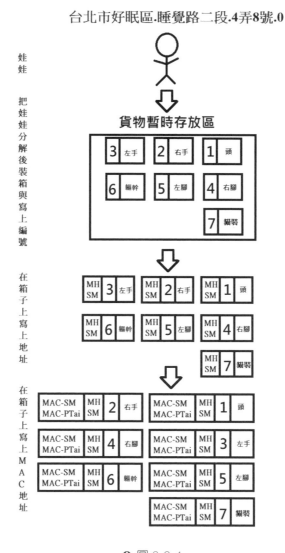

♠ 圖 6-9-4

其中：

大賣場的 MAC 位址：MAC-SM

我家的 MAC 位址：MAC-MH

台北市郵局總局的 MAC 位址：MAC-PTai

新北市郵局總局的 MAC 位址：MAC-PNTai

對了，各位還記得我們的 MAC 地址吧？我在前面曾經說過，所謂的 MAC 位址的概念就相當於建造房子時，建商給你家所烙印上的建築物編號，而且這編號是當房子在建造時所烙印上去的，也就是說它是死的，不能隨便更改。

以上就是收到訂單之後把娃娃分解、裝箱、箱子寫上編號與地址以及 MAC 地址的情況。

當上面的事情都處理完畢之時，咱們的快遞便會把箱子給一箱一箱地裝上車，裝完後開著車，到貨物集中區：

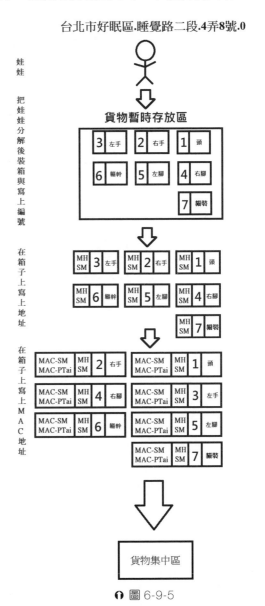

⊙ 圖 6-9-5

接著開到社區總收發室：

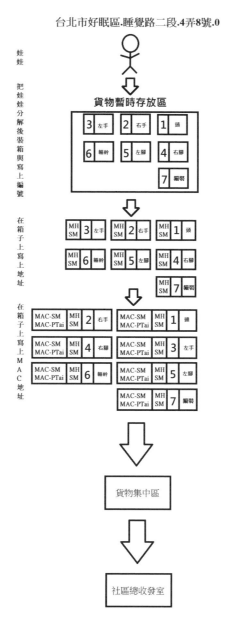

娃娃

把娃娃分解後裝箱與寫上編號

在箱子上寫上地址

在箱子上寫上MAC地址

🎧 圖 6-9-6

接著抵達台北市郵局總局，圖示如下所示：

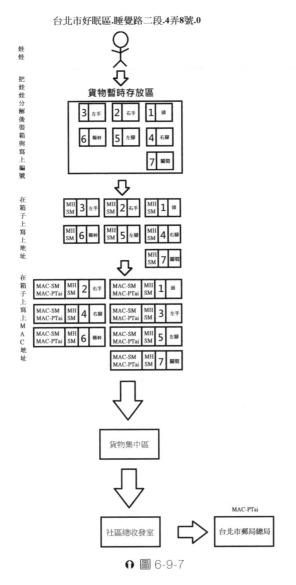

♀ 圖 6-9-7

由於箱子上面寫著台北市郵局總局的 MAC 也就是台北市郵局總局的建築物地址，因此，快遞就會把那七個箱子給送到台北市郵局總局去，當箱子被送到台北市郵局總局之時，台北市郵局總局裡頭的工作人員便會察看箱子的發送地點，這時候台北市郵局總局裡頭的工作人員發現到原來這些箱子全都是要轉送到新北市去的，因此，台北市郵局總局裡頭的郵差便會透過高速公路（也可以是前面所講過的高鐵）來把那七個箱子給送到新北市郵局總局。

　　轉送的情況也是一樣，也是以 MAC 地址為主，由於新北市郵局總局的 MAC
位址是 MAC-PNTai，因此，那七個箱子就會被送到 MAC 位址是 MAC-PNTai 的新
北市郵局總局，由於運送的地點是建築物地址，因此絕對不會送錯：

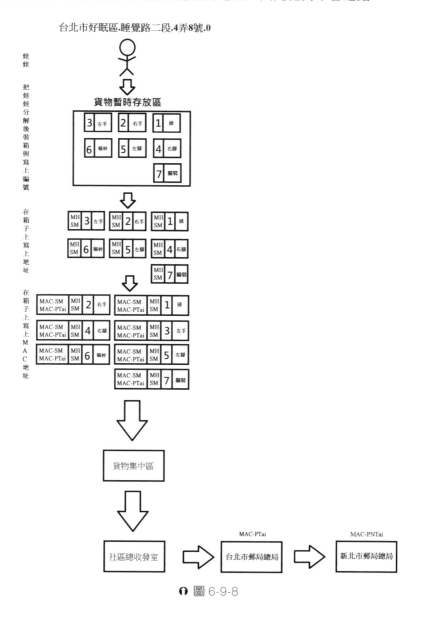

● 圖 6-9-8

　　注意，此時箱子上的 MAC 位址會重新改變，請各位參考後面的圖就知道
了。

　　當新北市郵局總局的工作人員收到從台北市郵局總局那兒所送來的七個箱子之後，便會看一看那七個箱子上面所寫的 IP 以及 MAC 地址，確認了地址之後，便會請新北市郵局總局的郵差把這七個箱子給送到我家，首先，郵差會經過我家的社區總收發室，圖示如下所示：

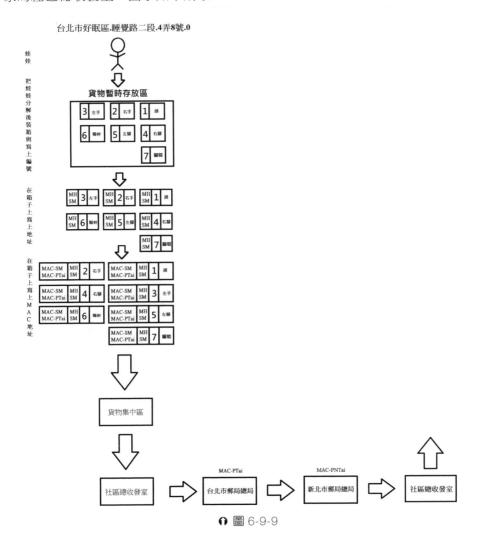

⨀ 圖 6-9-9

然後到貨物集中區：

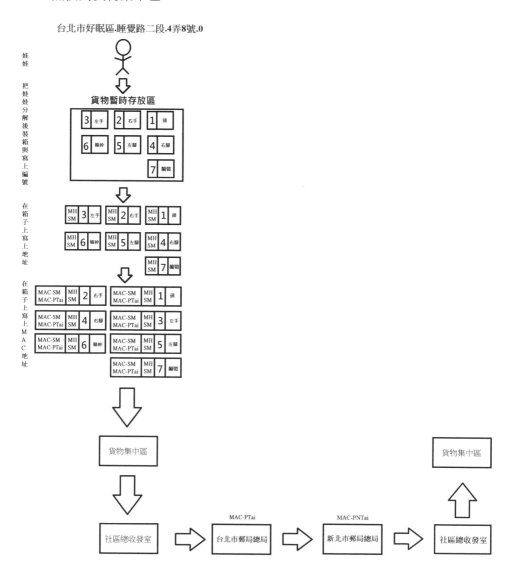

♠ 圖 6-9-10

接著我會收到那七個箱子：

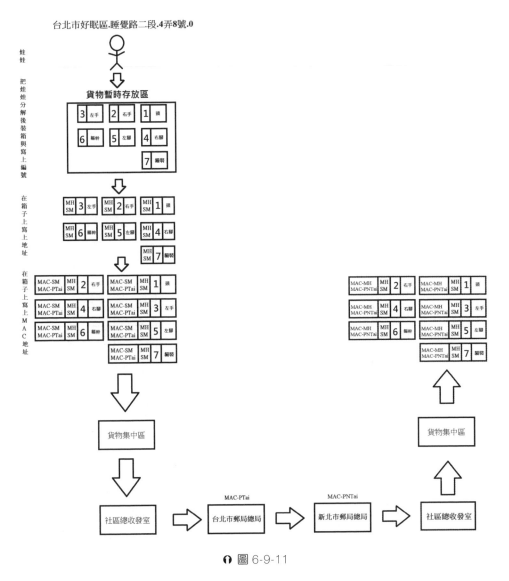

↑ 圖 6-9-11

請注意箱子上的 MAC 位址，是不是改變了？

把箱子上的 MAC 位址給拆掉：

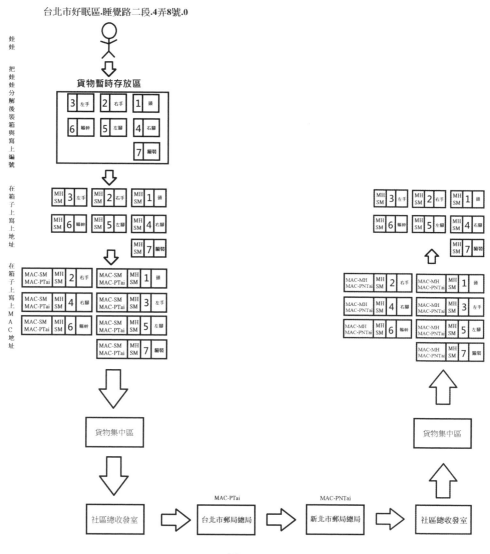

🎧 圖 6-9-12

把箱子上的 IP 位址給拆掉：

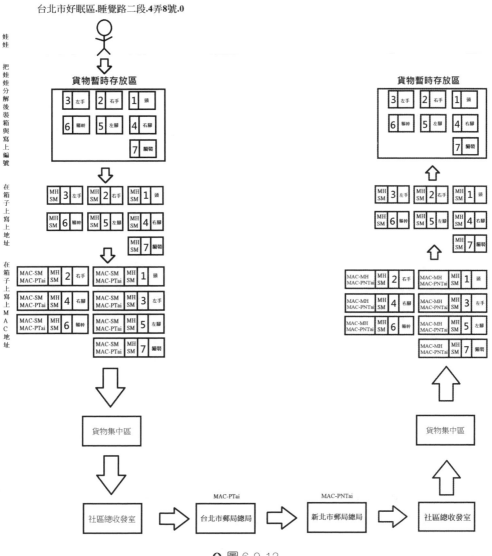

♠ 圖 6-9-13

最後把娃娃給重新組合起來：

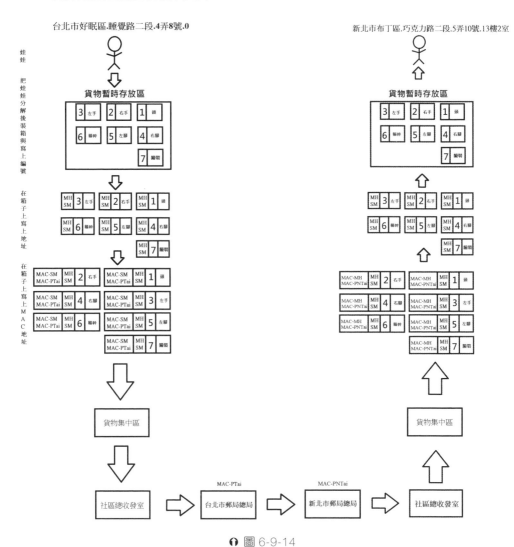

● 圖 6-9-14

以上就是娃娃從下單到收取以及組裝的全部流程，在上面的流程裡，各位要注意的是，IP 位址一直都沒有變動，但是 MAC 位址卻在變動，而變動後的 MAC 位址所指的一定都是箱子下一個所要被傳送到的地點，更重要的是，上圖跟網路與通訊傳輸的原理很像，但是卻沒有絕對的對應到網路與通訊傳輸的原理且中間省略了很多的細節與協定，不過沒關係，由於本節只是暫時先講個概論而已，各位請先對上面的傳輸過程有個基本的概念這樣就夠了，至於細節的部分，我們以後有機會再來討論。

6-10 請求網頁的流程

在前面，我們講過了打電話下訂單的過程與結果，但那個過程與結果只是一種比喻，目的主要是幫助各位來理解網路通訊與傳輸的大概過程，而且內容也不甚嚴謹，但是沒辦法，我們這裡只是一個小章節而已，本章的工作就只是約略地講個概論而已。

在本節，我們則是要把打電話下單的過程與結果，來轉換到請求網頁的過程與結果，而這個過程與結果，就比較貼近於我們現在所要談的主題，還是一樣，這個過程與結果仍然不是百分之百地絕對正確，因為中間仍然會省略很多的細節，但由於我們是初學者，所以暫時先不要想那麼多，讓我們來看下圖：

🎧 圖 6-10-1

　　上圖是一張網頁，如果客戶端（也就是我本人）想要用瀏覽器來請求這個網頁的話，那這個過程會是如何呢？在此之前，請各位回想一下我們在上一節裡頭所講過的娃娃，你把娃娃給想像成上圖中的網頁，而把客戶端給想像成是阿秋的話，那我想當我這樣講之時，你就會知道我到底是想要說些什麼了對吧！

　　由於請求網頁的過程，就跟打電話下訂單運送娃娃的過程幾乎一樣，所以呢，讓我們就直接來看圖，並且再配合前面所講過的內容，我想我們應該就會對整個流程非常地好理解，首先是請求網頁的部分（以下的位址等只是假設，不一定和實際的電腦相對應，IP 的數值也只是舉例，不用太在意）：

192.168.123.456

🎧 圖 6-10-2 應用層

接下來則是分割網頁，把網頁給切成很多塊，例如下圖中的 P1~P7：

192.168.123.456

快取記憶體

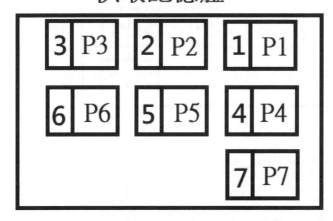

🎧 圖 6-10-3 從應用層到傳輸層

接下來則是添加 IP 位址：

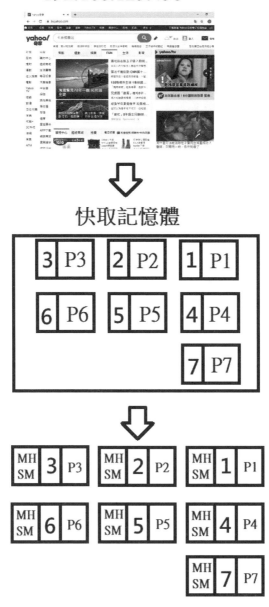

♠ 圖 6-10-4 從傳輸層到網路層

再來則是添加 MAC 位址：

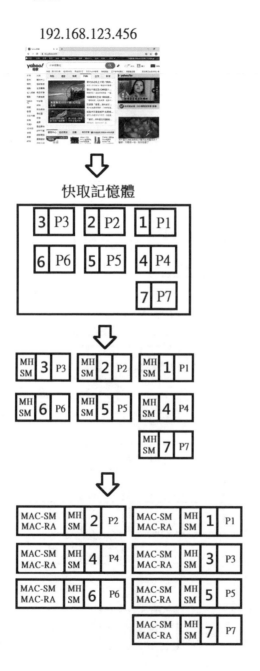

圖 6-10-5 從網路層到資料連結層

把封包傳送出去，首先到集線器：

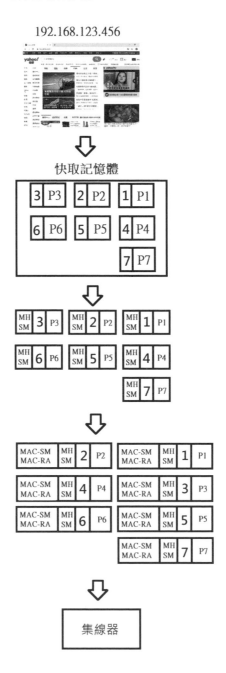

⚭ 圖 6-10-6 從資料連結層到實體層

接下來是交換機：

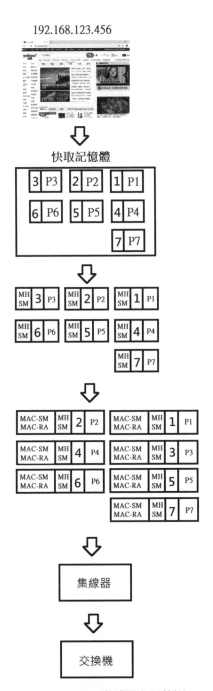

☊ 圖 6-10-7 **實體層資料傳送**

然後目標是 MAC 位址為 MAC-RA 的路由器 A：

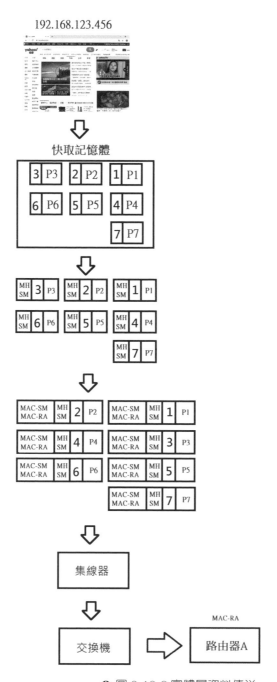

♠ 圖 6-10-8 實體層資料傳送

把封包從路由器 A 給轉送出去，目標是 MAC 位址為 MAC-RB 的路由器 B：

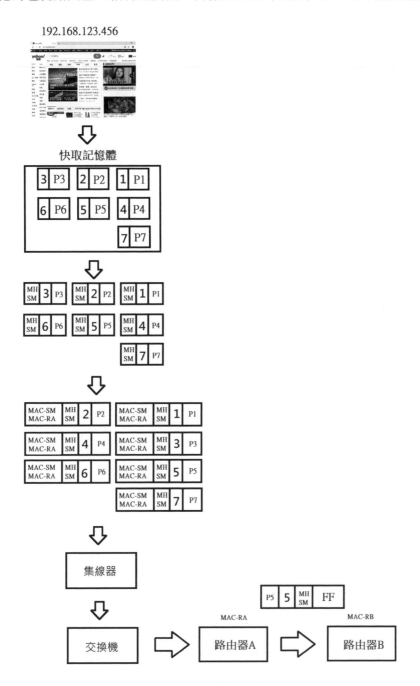

🎧 圖 6-10-9 實體層資料傳送

TIPS

路由器 A 和路由器 B 為對等實體，且中間再也沒有其他的設備，因此它們之間使用 PPP 協定，以 FF 來代表 MAC 位址。

把封包從路由器 B 給轉送出去，目標是 MAC 位址為 MAC-MH 的客戶端，首先是交換機：

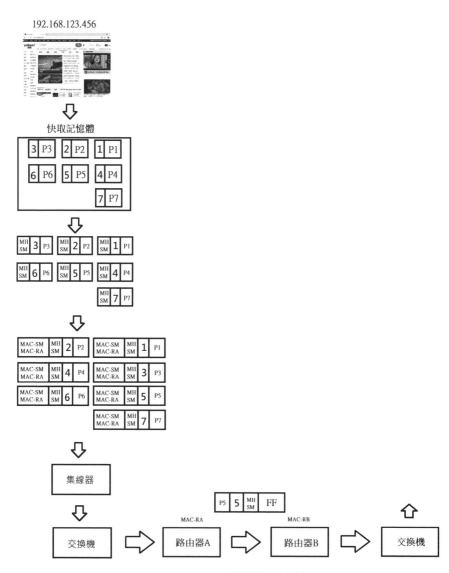

♪ 圖 6-10-10 實體層資料傳送

然後是集線器：

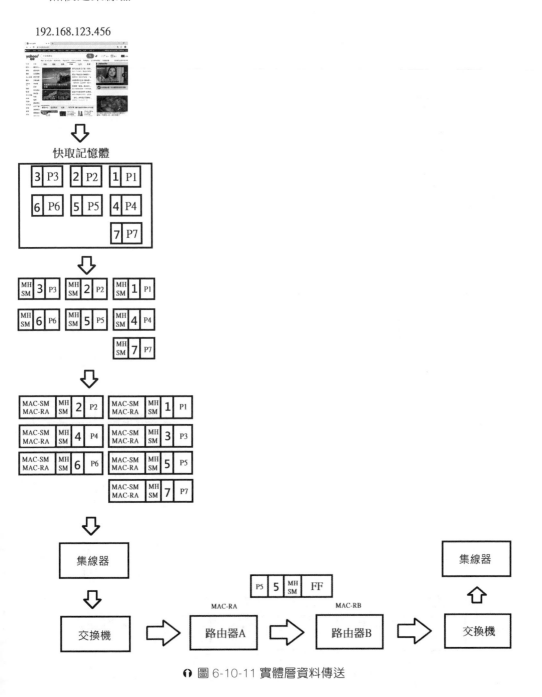

⊙ 圖 6-10-11 實體層資料傳送

接下來收到封包：

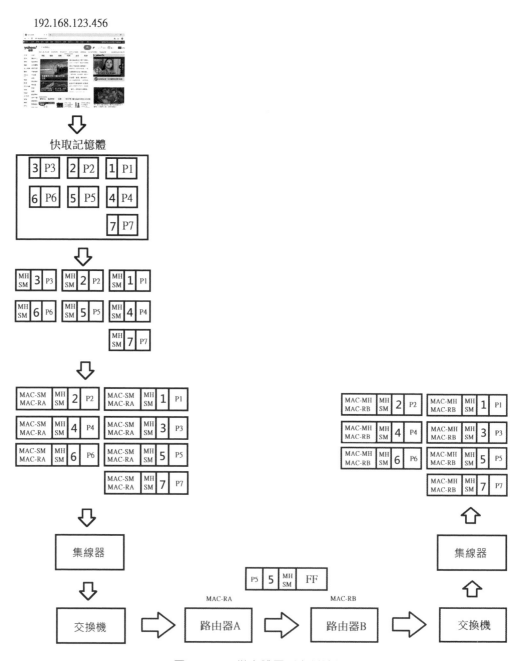

⊙ 圖 6-10-12 從實體層到資料連結層

去掉 MAC 位址：

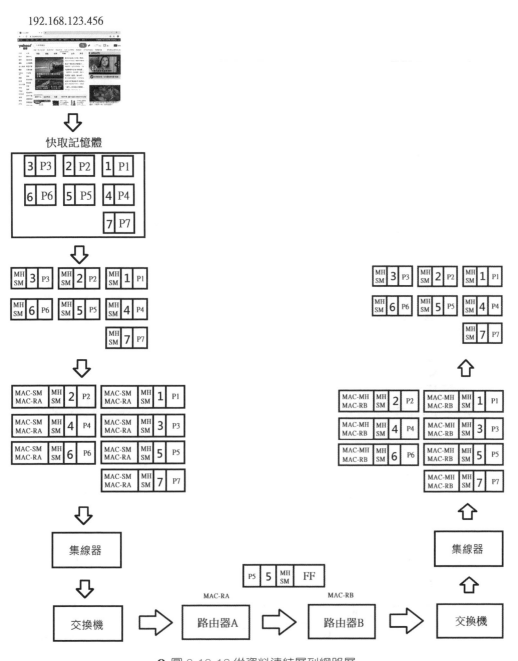

♠ 圖 6-10-13 從資料連結層到網路層

去掉 IP 位址：

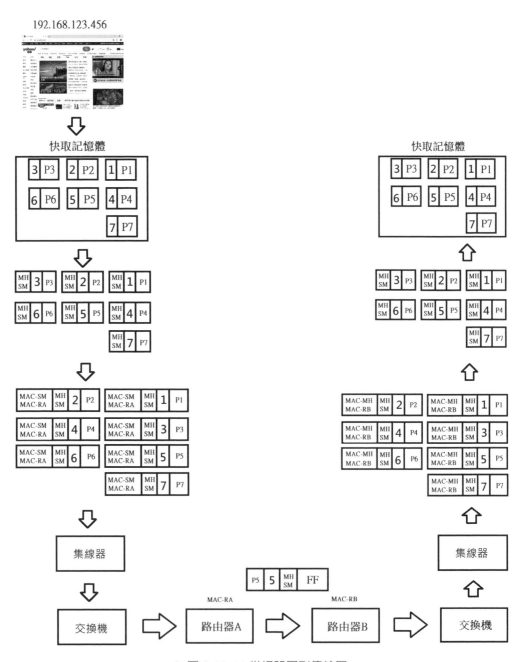

♠ 圖 6-10-14 從網路層到傳輸層

把網頁給組合起來：

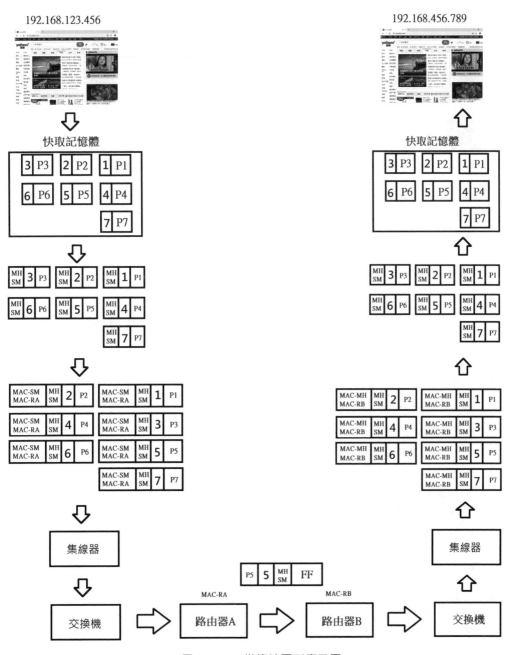

⋒ 圖 6-10-15 從傳輸層到應用層

以上，就是從客戶端 192.168.456.789 向伺服端 192.168.123.456 請求一個網頁並且傳送網頁到客戶端的基本流程，這個流程看似簡單，但其實這裡頭的道道還很多，最後，本節只是給各位下一個既簡單又基本的網路與通訊的傳輸概念而已，後續有機會的話我們都會以這個概念為出發點，繼續來進行我們後面的旅程。

6-11 區域網路的布局

區域網路基本上可以有二層結構以及三層結構的布局，布局主要是透過內網的交換機來實現，讓我們來直接看圖比較快（以下為了方便描述，集線器的部分我就省略不畫了）：

1. 二層結構

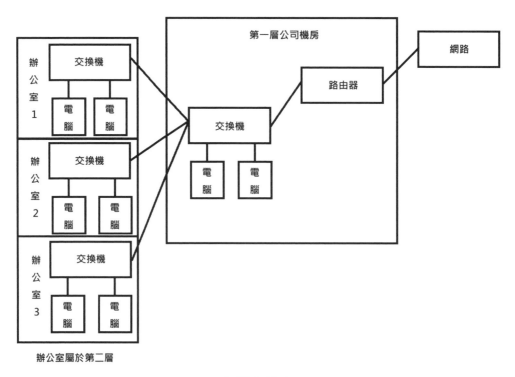

🎧 圖 6-11-1

上圖是 A 公司內的網路布局，A 公司裡頭有一間公司機房以及三間辦公室，公司機房內的交換機會跟辦公室裡面的交換機來做相連，並且每一間辦公室裡頭都還各部署了一台交換機，然後這些交換機又會連接到辦公室裡頭的電腦。

在圖中，A 公司的網路布局如下所示：

第一層是公司機房

第二層則是辦公室

以及請注意，對第一層公司機房裡頭的電腦而言，我們又把第一層公司機房裡頭的電腦給稱為伺服器。

2. 三層結構

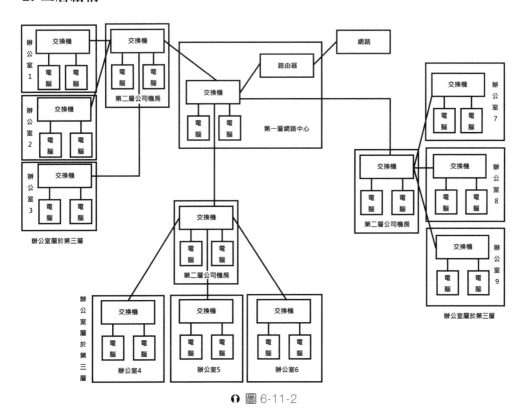

● 圖 6-11-2

上圖是 B 公司內的網路布局，B 公司的網路布局比 A 公司又多了一層，主要是因為 B 公司是間大企業，部門較多，因此，B 公司所採取的布局策略比 A 公司還要來得更複雜。

在圖中，B 公司的網路布局如下所示：

第一層是網路中心

第二層則是公司機房

第三層則是辦公室

6-12 重要的名詞解說

➲ 6-12-1 速率與速度

有一天，我跟畜生兩人在比賽跑步，但問題來了，怎麼說才是跑最快？讓我們來看看下面的例子：

阿秋在 10 秒鐘之內跑了 23 公尺

畜生在 10 秒鐘之內跑了 50 公尺

你說誰跑得比較快？當然是畜生，你說對吧！

因為在同樣的時間之內，阿秋只能跑 23 公尺，但畜生卻跑了 50 公尺，由於 50 公尺比 23 公尺更遠，因此，畜生跑得最快。

換個方向來想，既然阿秋在 10 秒鐘之內跑了 23 公尺，那就表示他平均一秒鐘跑了 2.3 公尺；而畜生在 10 秒鐘之內跑了 50 公尺，那就表示他平均一秒鐘跑了 5 公尺，各位說對嗎？

但你會問，這 2.3 公尺和 5 公尺是怎麼算出來的？答案就是：

阿秋：

$$\frac{23 公尺}{10 秒鐘} = 2.3 公尺 / 秒鐘$$

表示阿秋平均一秒鐘跑 2.3 公尺。

畜生：

$$\frac{50公尺}{10秒鐘} = 5公尺/秒鐘$$

表示畜生平均一秒鐘跑 5 公尺。

像這種 2.3 以及 5 就是我們常常在運動場上所聽到的速率。

至於速度的話，其概念又有點不太一樣，例如說：

阿秋以平均一秒鐘跑 2.3 公尺的速率往東跑，畜生以平均一秒鐘跑 5 公尺的速率往南跑，這時候在純數字 2.3 以及 5 的上面各自加上了方向這個因素，因此，我們就稱這種純數字的速率帶有運動的方向就稱之為速度。

最後，在物理數學上，速率被稱為純量，至於速度，則是被稱為向量。

6-12-2 傳輸

假設現在阿秋跟畜生倆人分別在不同的地方，兩人手上有多張卡片以及一條傳輸帶，這時候阿秋跟畜生他們倆人約定，如果一方要傳送消息給另一方的話，只要在卡片的上面寫上文字，並且放在傳輸帶上傳送給另一方，這樣當另一方收到卡片之時，另一方就知道對方想要表達些什麼事情了，情形如下圖所示：

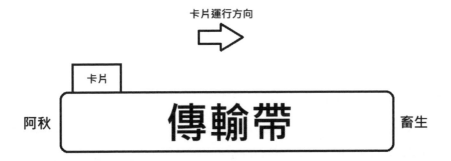

🎧 圖 6-12-2-1

但光是這樣還不夠，要是在傳輸的過程中卡片被偷走，這時候竊賊就知道阿秋傳給畜生的訊息了，因此，他們倆在傳輸卡片之前便做了個約定，而約定的內容如下所示：

傳送的一方先把英文字母給轉換成 0 與 1 的數字來代替，並且事先規定好每個英文字母是由多少個 0 與 1 所組成。

英文字母的轉換方法很簡單，例如說：

字母	數字		字母	數字
A	0 0000		N	0 1101
B	0 0001		O	0 1110
C	0 0010		P	0 1111
D	0 0011		Q	1 0000
E	0 0100		R	1 0001
F	0 0101		S	1 0010
G	0 0110		T	1 0011
H	0 0111		U	1 0100
I	0 1000		V	1 0101
J	0 1001		W	1 0110
K	0 1010		X	1 0111
L	0 1011		Y	1 1000
M	0 1100		Z	1 1001

∩ 表 6-12-2-1

現在，阿秋的手上有兩顆印章，其中一顆印章上面刻著 0，而另一顆印章上面則是刻著 1；畜生的手上也有兩顆印章，其中一顆印章上面也是刻著 0，而另一顆印章上面也是刻著 1。

再來，由於上面的每個英文字母都是由 5 個 0 與 1 的數字所組成，例如 L，就是由 5 個數字的 0 與 1 所組成的 0 1011，因此兩人規定，當卡片從另一方傳過來的時候，就以 5 個數字為一個單位來做解讀。

接下來，假如阿秋想要傳一串文字「APPLE」給畜生的話，那阿秋就需要一張卡片，並且在卡片的上面用刻有 0 與 1 的印章分別照表來蓋上 0 與 1 的數字，數字如下所示：

字母	A	P	P	L	E
數字	0 0000	0 1111	0 1111	0 1011	0 0100

🎧 表 6-12-2-2

也就是說：

阿秋如果要傳送 A 這個字母給畜生的話，那他一開始就得拿出刻有數字 0 的印章，並且連續 5 次地把數字 0 給蓋在卡片上，因此卡片上頭就有了「0 0000」這幾個數字，而「0 0000」這幾個數字就代表著英文字母 A。

阿秋如果要傳送 P 這個字母給畜生的話，那他一開始就得拿出刻有數字 1 的印章，並且連續 4 次地把數字 1 給蓋在卡片上，之後再把刻有數字 0 的印章給拿出來，蓋在卡片上一次，因此卡片上頭就有了「0 1111」這幾個數字，而「0 1111」這幾個數字就代表著英文字母 P。

剩餘的字母以此類推，所以阿秋如果要傳送一串文字「APPLE」給畜生的話，那阿秋就得在卡片上蓋下 0 與 1 的章，情形如下所示：

0 0000（A）0 1111（P）0 1111（P）0 1011（L）0 0100（E）

當畜生收到卡片後，再依照表格，把 0 與 1 給解讀成文字出來，最後畜生便會得到：

0 0000（A）0 1111（P）0 1111（P）0 1011（L）0 0100（E）

這五個英文字母囉。

上面是我們用 0 與 1 的概念來傳送一串文字，接下來，我們要來把上面對 0 與 1 的傳送用張圖來表示：

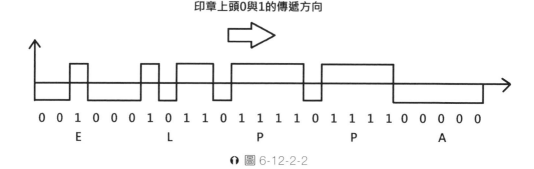

印章上頭0與1的傳遞方向

0 0 1 0 0 0 1 0 1 1 0 1 1 1 1 0 1 1 1 1 0 0 0 0 0
　　E　　　　L　　　P　　　　P　　　　A

🎧 圖 6-12-2-2

　　上圖就是傳個英文字母 APPLE 給畜生之時的情況，我們畫一條水平線，如果印章的數字是 0 的話就畫在水平線之下，但如果印章的數字是 1 的話就畫在水平線之上，因此，我們便得到上圖。

　　在電腦裡頭，電子訊號也是用上面的方式從一方來傳送給另一方，一個 0 或 1 我們稱為一個比特（bit），而上圖凹凹凸凸的形狀我們稱之為數位訊號。

　　最後，我們要來講的是計算機科學裡頭的傳送速率。

　　在計算機網路通訊裡頭，速率的概念就是指在 1 秒鐘之內所傳送的比特數，也就是在 1 秒鐘裡頭可以傳送多少個 0 或 1 這樣子的電子訊號來給對方，就計算單位而言，我們會以下面的單位來表示訊號的傳輸速率：

b/s 或者是 bit/s，而有時也會寫成 bps（bit per second）

在我們的日常生活裡，我們常常會聽到：

kb/s：k= 10^3（中文單位為一千）

Mb/s：M= 10^6（中文單位為一兆）

Gb/s：G= 10^9（中文單位為一吉）

Tb/s：T= 10^9（中文單位為一太）

　　千、兆、吉、太等中文單位只是個名詞而已，各位知道就好，不需要過於計較字面上的文字，重點是知道數字就可以了。

在本節裡頭，我們以英文字母的小寫 b 來代表比特（bit），而以英文字母的大寫 B 來表示 Byte，一個 Byte 為 8 個 bit（也就是有 8 個 0 或 1，例如 10111011 就表示一個 Byte 同時也是 8 個 bit）

6-12-3 頻寬（Bandwidth，大陸翻譯為帶寬）

所謂的頻寬，意思就是指網路傳輸時的最高速率，例如說最高為 200Mbps，那就表示網卡在一秒內的最快傳輸速率為 200Mb。

接下來，讓我們透過實習來觀察你電腦網卡的頻寬。

1. 點選開始：

🎧 圖 6-12-3-1

2. 點選設定：

❶ 圖 6-12-3-2

3. 點選網路和網際網路：

❶ 圖 6-12-3-3

4. 點選乙太網路：

🎧 圖 6-12-3-4

5. 點選「變更介面卡選項」：

🎧 圖 6-12-3-5

6. 來到網路連線之後並點選（我
的電腦顯示為 Ethernet0，因
此就點 Ethernet0）：

● 圖 6-12-3-6

7. 出現 Ethernet0 的狀態：

● 圖 6-12-3-7

8. 其中圈起來的速度就是本節所
講的頻寬：

● 圖 6-12-3-8

在上圖中，速度為 1.0 Gbps，而 1.0 Gbps 就是 $\frac{Gb}{s}$，而 G= 10^9，意思就是說我的網卡在一秒鐘之內傳輸 1.0 G 的比特。

接下來讓我們來看看如何設定網卡的頻寬。

1. 首先讓回到我們 Ethernet0 的狀態：

🎧 圖 6-12-3-9

2. 點選內容：

🎧 圖 6-12-3-10

3. 來到內容：

♠ 圖 6-12-3-11

4. 點選設定：

♠ 圖 6-12-3-12

5. 來到一般：

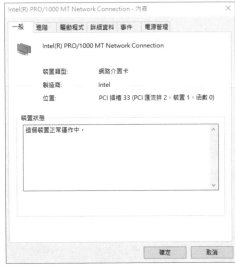

○ 圖 6-12-3-13

6. 點選進階：

○ 圖 6-12-3-14

7. 來到進階的選項：

◑ 圖 6-12-3-15

8. 選擇 Link Speed & Duplex 選項
以及旁邊的值（V）：

◑ 圖 6-12-3-16

這時各位可以看到我把網卡的頻寬給設為 Auto Negotiation，意思就是指自動協商（「自動協商」這四個字是我自己翻譯的中文名詞，由於我的 Windows 是英文版，因此，正確的繁體中文名詞請各位看繁體中文版的 Windows 上面是怎麼寫的）

在此，如果我把我的筆電給連接到 100M 的交換機上，則頻寬就會設定成 100M，如果是 1000M 的話，則是會設定成 1G。

➲ 6-12-4 流通量

有一天，在一個炎熱的下午…..

阿秋：唉唷！怎麼邊開冷氣＋邊聽音樂＋邊下載片片＋邊瀏覽風俗業情報網頁＋邊上傳你的宅男大叔寫真集到烤「鴨」店的 FTP 伺服器上，你一個人而已怎麼同時幹這麼多事情？

畜生：我爽，怎樣！

阿秋：就是每宋啦！我是說我替你的電腦感到每宋（每宋就是臺語不爽的意思）

畜生：怎麼說？

阿秋：因為這樣電腦的工作量超大，而且你看一下，下載片片的速率為 60Kb/s，瀏覽風俗業情報網頁的下載速率為 70Kb/s，至於上傳你的宅男大叔寫真集到烤「鴨」店 FTP 伺服器上的速率為 100Kb/s，這樣電腦的流通量就是上傳速率和下載速率的全部總和，也就是：60Kb/s+70Kb/s+100Kb/s=230Kb/s。

注意，流通量會跟你所設定的雙工模式有關：

♦ 圖 6-12-4-1

1. 如果網卡連接到交換機，此時的網卡就可以在雙工的模式下來工作，也就是說網卡**可以**同時接收和發送數據，假設網卡是在 100M 的全雙工模式之下，這時候網卡的最大流通量就是 200Mb/s。

2. 如果網卡連接到集線器，此時的網卡就只能在半雙工的模式下來工作，也就是說網卡**不可以**同時接收和發送數據，假設網卡是在 100M 的半雙工模式之下，這時候網卡的最大流通量就是 100Mb/s。

TIPS

全雙工就像手機，你講手機的時候，同時也可以聽得到對方在說什麼，這就是全雙工。

半雙工就像是無線電對講機，一邊講完後，說個 over，另一邊才開始講。

⊃ 6-12-5 網路延遲（Network Latency）

網路延遲就是指數據（包含一個封包或者是一個比特）從一個地方傳送到另一個地方所需要的全部時間。

網路延遲分成四種，分別是：

1. 傳輸時延（英語：Transmission Delay）：傳輸數據時的**第一個 bit 開始**到**最後一個 bit 結束**時所需要的**全部時間**就稱之為傳輸時延，傳輸時延也被稱為 Store-And-Forward Delay。

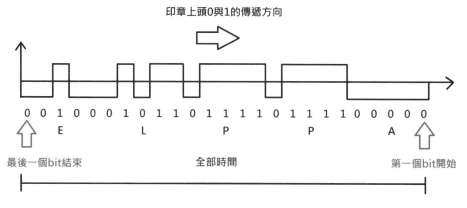

♠ 圖 6-12-5-1

計算公式如下：

傳輸時延 = 比特數量除以傳輸速度

2. 傳播延遲（英語：Propagation Delay）：數據發送時，數據當中的最後一個 bit 傳播到路由器之時，**最後一個 bit** 到達所需要的**全部時間**。

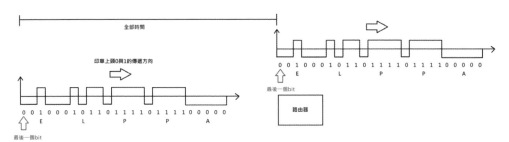

♪ 圖 6-12-5-2

計算公式如下：

傳播延遲 = 通道長度除以電磁波在通道上的傳送速率

由於傳播時是由電磁波在通道內傳播，因此傳播速率要以電磁波的傳播速率來做計算，所以傳播延遲也可以理解為電磁波在通道內傳播一定距離之時所花費的全部時間。

3. 佇列延遲（英語：Queuing Delay）：當數據被送到路由器之時，排隊等待轉發的**處理時間**，例如下圖的訊號 APPLE 進入路由器之後，由路由器準備把訊號 APPLE 給轉發到電腦的時間就是**處理時間**。

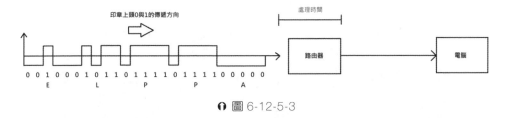

♪ 圖 6-12-5-3

4. 處理延遲（Processing Delay）：當數據傳送到電腦主機或者是路由器的時候，必須得花費一定時間來做處理其相關事項（例如分析 IP 等），而這處理時間就是所謂的處理延遲。

最後，數據在網路上的總延遲就是上面所講的四種延遲的總和，計算公式如下：

總延遲 = 傳輸時延 + 傳播延遲 + 佇列延遲 + 處理延遲

實習範例，讓我們來觀察封包往返網站 www.yahoo.com.tw 的延遲，方法如下：

1. 打開 cmd

2. 寫上：ping www.yahoo.com.tw，接著按下鍵盤上的 Enter 之後便會出現下圖：

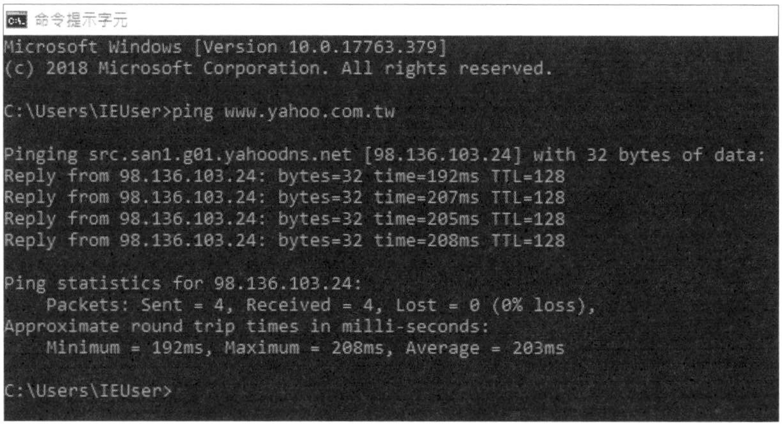

● 圖 6-12-5-4

在上圖中：

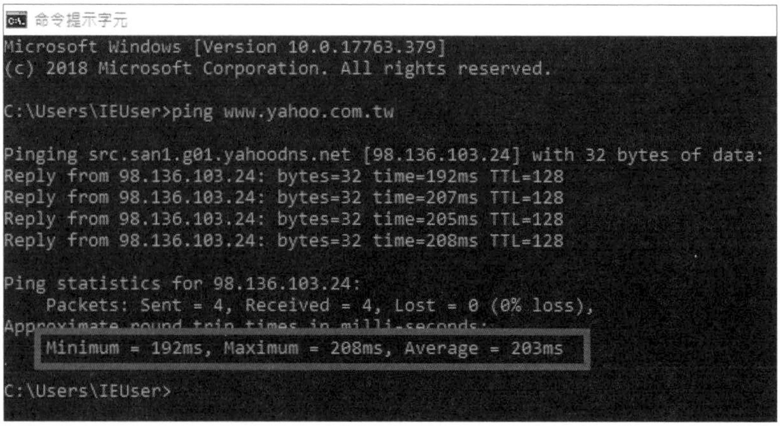

● 圖 6-12-5-5

圈起來的部分就是封包往返網站 www.yahoo.com.tw 的延遲，注意單位是 ms 也就是毫秒。

最後來講一下頻寬時延乘積，頻寬時延乘積是傳播延遲與頻寬的乘積，計算公式為：

頻寬時延乘積 ＝ 傳播延遲 × 頻寬

其計算的結果為位元，頻寬時延乘積可以用來計算通道上的比特數。

6-12-6 來回時間 RTT（Round-Trip Time）

從傳送端傳送數據開始，到傳送端接收來自接收端的確認消息，之間總共花費的全部時間就是來回時間 RTT，例如說 A 花了 5 秒的時間來把數據傳送給 B，而 B 在收到數據確認後把確認消息傳回給 A 的總花費時間是 10 秒，所以來回時間 RTT 就是 5 秒 +10 秒 =15 秒。

最後，我們要用 cmd 來找出 RTT，過程與前面所介紹過的方法相同，都是使用 ping 命令去找，情況如下圖所示：

```
CX  命令提示字元

Microsoft Windows [Version 10.0.17763.379]
(c) 2018 Microsoft Corporation. All rights reserved.

C:\Users\IEUser>ping www.yahoo.com.tw

Pinging src.san1.g01.yahoodns.net [98.136.103.24] with 32 bytes of data:
Reply from 98.136.103.24: bytes=32 time=192ms TTL=128
Reply from 98.136.103.24: bytes=32 time=207ms TTL=128
Reply from 98.136.103.24: bytes=32 time=205ms TTL=128
Reply from 98.136.103.24: bytes=32 time=208ms TTL=128

Ping statistics for 98.136.103.24:
    Packets: Sent = 4, Received = 4, Lost = 0 (0% loss),
Approximate round trip times in milli-seconds:
    Minimum = 192ms, Maximum = 208ms, Average = 203ms

C:\Users\IEUser>
```

⊙ 圖 6-12-6-1

圈起來的地方就是來回時間 RTT。

6-13 網路的分類

網路依照連線的範圍而有四種類型：

名稱	連線範圍	連接範例	主要設備	解說
區域網路（Local Area Network，簡稱為 LAN）	區域的地理範圍，約數千公尺之內	住宅、學校、公司、工廠或辦公大樓	交換機等	由機關內的資訊處採買設備來架設
廣域網路（Wide Area Network，簡稱為 WAN）	數十公里到數千公里	城市、國家甚至是幾個洲	向 ISP 等電信公司（如台灣的中華電信公司）租用線路，並購買頻寬，如頻寬為 8M 的 ADSL	屬於對外的長途通訊，例如畜生在台北和高雄都有公司，且兩間公司也都有各自的區域網路，而把這兩地的區域網路給連結起來就是廣域網路
都會網域（Metropolitan Area Network，簡稱為 MAN）	一個城市之內	一座城市之內的行政區域或幾條街	乙太網技術	屬於公用設施的一種，例如：台北市政府所提供的臺北公眾區免費無線上網服務，簡稱為 Taipei Free
個人區域網路（Personal Area Network，簡稱為 PAN）	幾十公尺左右	個人工作地方	無線路由器	主要是在個人的工作地方使用無線技術來把個人的電子設備給連接起來的網路，因此又被稱為無線個人區域網路或者是無線個人網（英語：Wireless Personal Area Network，簡稱為 WPAN），例如：藉由無線路由器來組成一個小型的家庭網路或者是透過藍芽來連接電腦或手機等小型設備

∩ 表 6-13-1

TIPS

無線個人網（WPAN）與無線區域網（WLAN）兩者之間是不一樣的，後者主要是以無線的方式來取代有線的區域網技術。

網路依照使用者的身分而有兩種類型：

名稱	範例	內容
公用網路；公眾網路 Public Network	網際網路（英語：Internet）	由電信公司出資所建造而成的大型網路，只要繳錢，任何人都可以使用
專用網路；私人網路 Private Network	國防機密等單位	因應單位本身的特殊性質而所建造出來的網路，偏向於私人或私密網路，且不向外人提供網路連接

∩ 表 6-13-2

本章節延伸閱讀與參考資料：

區域網路：

https://zh.wikipedia.org/zh-tw/%E5%B1%80%E5%9F%9F%E7%BD%91

廣域網路：

https://zh.wikipedia.org/zh-tw/%E5%B9%BF%E5%9F%9F%E7%BD%91

都會網路：

https://zh.wikipedia.org/zh-tw/%E5%9F%8E%E5%9F%9F%E7%BD%91

個人區域網路：

https://zh.wikipedia.org/zh-tw/%E5%80%8B%E4%BA%BA%E5%8D%80%E5%9F%9F%E7%B6%B2%E7%B5%A1

無線個人區域網路：

https://zh.wikipedia.org/zh-tw/%E6%97%A0%E7%BA%BF%E4%B8%AA%E4%BA%BA%E7%BD%91

無線區域網路：

https://zh.wikipedia.org/zh-tw/%E6%97%A0%E7%BA%BF%E5%B1%80%E5%9F%9F%E7%BD%91

部分專有名詞的譯名除了參考維基百科之外，更參考國家教育研究院：

http://terms.naer.edu.tw/

Note